高等职业教育工匠工坊新型活页式系列教材

Django电商网站项目实战

郭立文　宋学永　聂友谊◎主　编
陈晓慧　李纪鑫　马维旻◎副主编

中国铁道出版社有限公司
CHINA RAILWAY PUBLISHING HOUSE CO., LTD.

内 容 简 介

本书是由学校教师与企业工程师合作编写的新型活页式教材。全书以电商网站项目实战为主线，重点介绍了使用 Django 进行项目开发的知识与技巧。电商网站主要包括买家部分和卖家部分功能。买家部分包括主页、注册、登录、登录后的界面、个人中心、我的地址、新增地址、我的收藏、历史收藏、我的评论、商品详情、某个商品的详细功能。卖家部分包括注册、登录、卖家主页、商品类型、商品类型的增加、商品列表、商品增加等详细功能。通过学习本书内容，读者可以掌握网站开发的理论知识与技术技能，潜移默化地培养项目化思维，积累项目经验。为了便于读者更好地掌握技术，项目中涉及的主要知识点，以知识准备和知识链接两种形式讲解。

本书适合作为高职院校计算机类专业的教材，也可作为 Django 网站开发人员的参考书。

图书在版编目（CIP）数据

Django电商网站项目实战/郭立文，宋学永，聂友谊主编. —北京：中国铁道出版社有限公司，2023.1
高等职业教育工匠工坊新型活页式系列教材
ISBN 978-7-113-29825-8

Ⅰ.①D… Ⅱ.①郭… ②宋… ③聂… Ⅲ.①软件工具-程序设计-高等职业教育-教材 Ⅳ.①TP311.561

中国版本图书馆 CIP 数据核字（2022）第 212988 号

书　　名：Django 电商网站项目实战
作　　者：郭立文　宋学永　聂友谊

策　　划：翟玉峰　谢世博　　　　**编辑部电话**：（010）83525088
责任编辑：翟玉峰　包　宁
编辑助理：谢世博
封面设计：郑春鹏
责任校对：苗　丹
责任印制：樊启鹏

出版发行：中国铁道出版社有限公司（100054，北京市西城区右安门西街 8 号）
网　　址：http://www.tdpress.com/51eds/
印　　刷：北京联兴盛业印刷股份有限公司
版　　次：2023 年 1 月第 1 版　2023 年 1 月第 1 次印刷
开　　本：787 mm×1 092 mm 1/16　**印张**：16　**字数**：370 千
书　　号：ISBN 978-7-113-29825-8
定　　价：59.80 元

前言

近年来，校企双方积极参与产教融合，主动整合优势资源共建“工匠工坊”，共同建设计算机类专业，共同实施课程改革，共同培养企业亟需的专业人才。在此背景下，编者基于多年教学经验，引入企业真实项目，并以教学规律、教学进程等为前提，编写了这部活页式教材，旨在为师生提供参考使用。

本书由教学经验丰富的学校教师和企业工程师共同开发，采用企业真实项目，将工作任务转化为学习内容。在教材内容组织上，摒弃了传统的知识架构，而是以项目为载体，以任务为驱动模式，围绕项目开发整合专业知识。本书适合采用教学做一体化教学方法，通过项目实战培养学生职业技能，从而胜任相关岗位工作。

本书主要内容包括项目准备、项目立项、卖家模块开发、买家模块开发、项目结项五个单元。单元1包括2个任务，任务1是创建账号，需要安装Git工具，并创建TAPD账号、码云账号和CSDN账号。任务2是环境搭建，需要搭建Python环境，安装PyCharm开发工具和MySQL数据库。单元2包含2个任务，涉及内容有项目立项工作，分析需求，确认开发任务，设计数据表。单元3包含3个任务，涉及内容有卖家模块的开发，该模块的主要功能有卖家登录注册、卖家后台首页、商品类型的增删改查、商品的增删改查。单元4包含5个任务，涉及内容有商城首页、买家登录注册、买家个人中心、商品及详情页、购物车和下单支付功能。单元5包含2个任务，涉及内容有代码联调和产品发布。每个单元按照实现过程划分为多个任务，每个任务由任务描述、任务目标、任务实现、任务考评等部分构成，在任务实现过程中穿插知识链接讲解知识点，以实现理论与实践的融合与贯通。

全书由郭立文、宋学永、聂友谊任主编，陈晓慧、李纪鑫、马维旻任副主编。

编者中，郭立文、李纪鑫、陈晓慧来自陕西国防工业职业技术学院；马维旻来自珠海城市职业技术学院，宋学永、聂友谊来自江苏一道云科技发展有限公司。项目案例、项目代码等由聂友谊设计、编写与审核，郭立文和宋学永负责统稿。其中，单元1的任务1由李纪鑫编写，单元1的任务2由宋学永编写，单元2由陈晓慧编写，单元3由郭立文编写，单元4由聂友谊编写，单元5由马维旻编写。

由于编者水平有限，书中疏漏之处在所难免，敬请读者批评指正。

编　者

2022年10月

目　录

资源明细表

单元1 项目准备

工欲善其事，必先利其器。在项目开发之前，对于工程师来说，做好准备工作是非常重要的环节。本单元包括2个任务，任务1是创建账号，需要安装Git工具，并创建TAPD账号、码云账号和CSDN账号。TAPD用来管理项目开发任务，码云用来管理项目代码，CSDN用来复习总结学习任务。任务2是环境搭建，需要搭建Python环境，安装PyCharm开发工具和MySQL数据库。

学习目标

通过学习本单元内容，使学生了解项目准备阶段的工作内容与工作方法，能够熟练安装与使用Git工具，搭建项目开发环境。

任务1 创建账号

任务描述

情境描述	A学校的聂老师接到了S公司的一个横向项目：开发梓栋电商网站。该公司要求在两周之内完成网站的一期工程。一期工程项目模块包含：商城首页、卖家登录注册、卖家商品类型、卖家商品操作、买家登录注册、个人中心、商品展示、购物车、支付9个模块。 聂老师选择若干名同学共同完成这个项目。完成项目需要做一些准备工作，如选取工具发布项目任务和管理项目代码、为团队成员建立相关账号等。 为了让同学们深入理解相关知识，总结开发心得和经验，聂老师还让同学们每攻克一个难点就发表一篇博客
任务分解	分析上面的工作情境，将任务分解如下： 1. 安装Git。Git是管理项目代码的工具。 2. 创建码云账号。码云是保存项目代码的仓库。 3. 创建TAPD账号。TAPD网站是用于发布项目任务的平台。 4. 创建CSDN账号。CSDN网站是用于发表博客的平台
任务准备	1. 准备一个手机号。 2. 准备邮箱

任务目标

知识目标	1. 认识Git工具。 2. 掌握gitee、TAPD、CSDN账号的创建方法
技能目标	1. 会使用码云账号登录Git工具管理项目代码。 2. 能使用TAPD接受项目任务。 3. 会使用CSDN发表博客
素养目标	耐心与严谨：在项目账号准备的时候，需要仔细核对注册信息，提高个人的耐心与严谨作风

任务实现

步骤1： 下载Git客户端。

打开Git网站，单击Download按钮，下载Git客户端（下载版本：Git-2.30.0.2-64-bit.exe），如图1-1-1所示。

图 1-1-1　Git 客户端下载

步骤2： 安装Git工具。

（1）下载完成后，单击可执行文件Git-2.30.0.2-64-bit.exe进行安装，如图1-1-2所示。

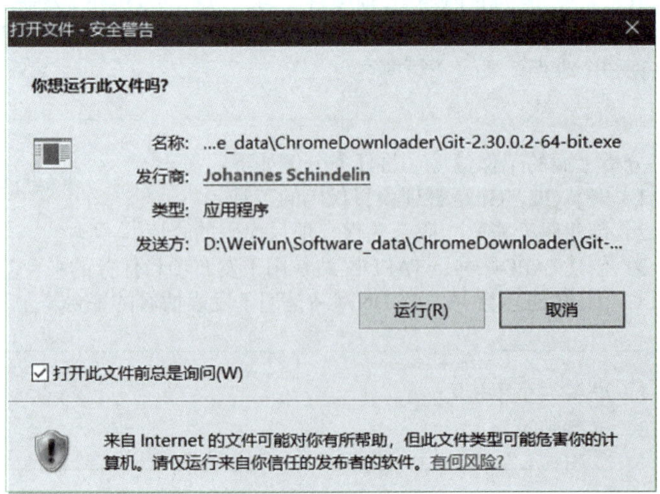

图 1-1-2　开始安装

（2）弹出Information界面，勾选Only show new options复选框，单击Next按钮，如图1-1-3所示。

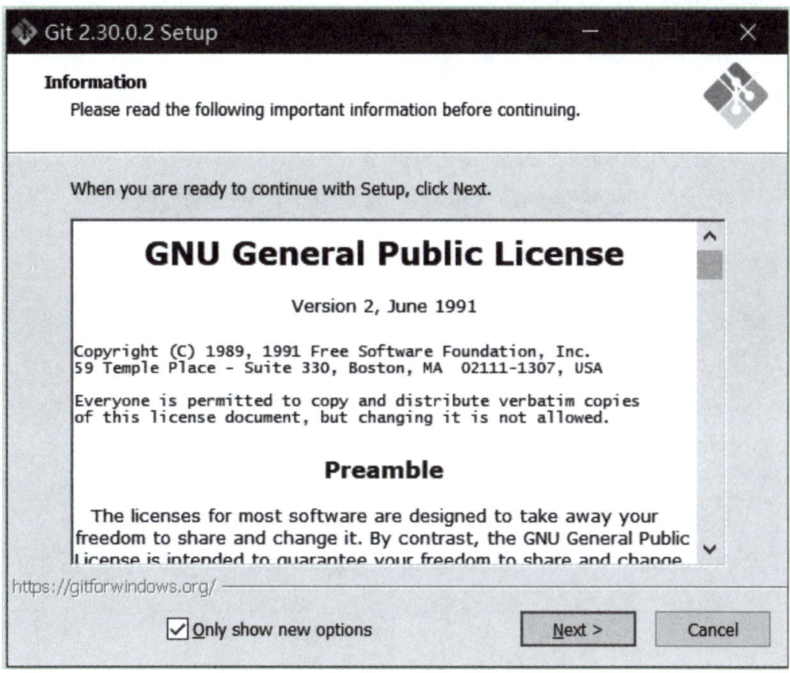

图 1-1-3 勾选 Only show new options 复选框

（3）弹出Select Destination Location界面，选择安装路径，单击Next按钮，如图1-1-4所示。

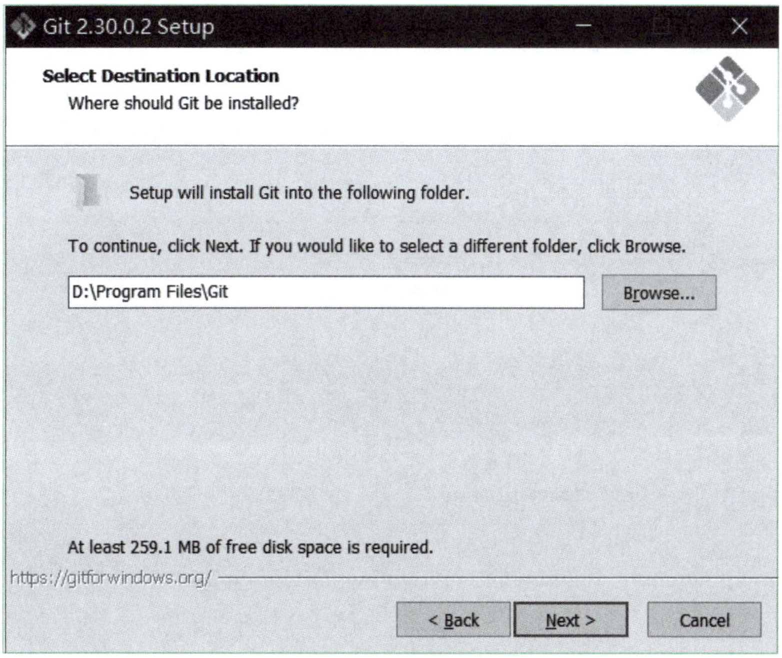

Git 2.30.0.2 Setup

Select Destination Location

Where should Git be installed?

Setup will install Git into the following folder.

To continue, click Next. If you would like to select a different folder, click Browse.

D:\Program Files\Git　Browse...

At least 259.1 MB of free disk space is required.

https://gitforwindows.org/

< Back　Next >　Cancel

图 1-1-4 选择安装路径

（4）弹出Select Components界面，选择相应组件，单击Next按钮，如图1-1-5所示。

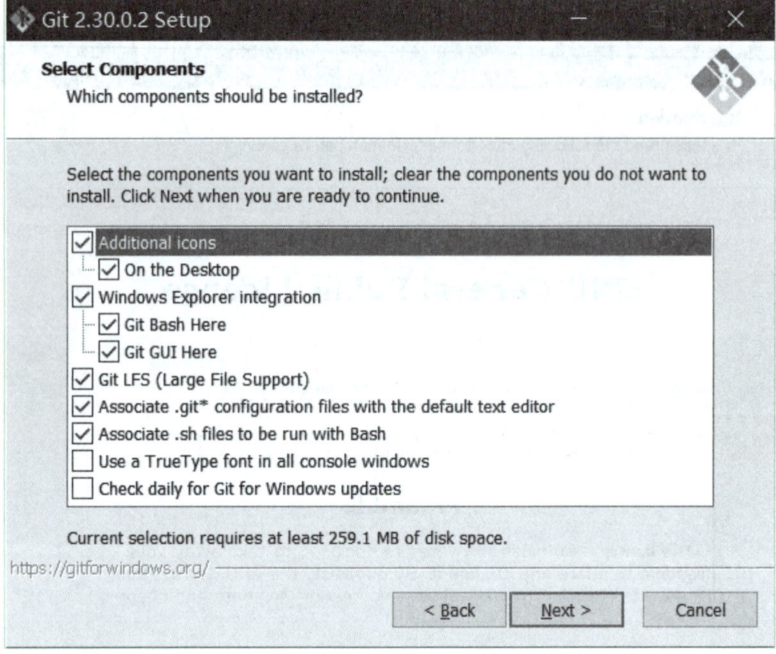

图 1-1-5　选择组件

（5）弹出Select Start Menu Folder界面，选择开始菜单文件夹（一般保持默认设置），单击Next按钮，如图1-1-6所示。

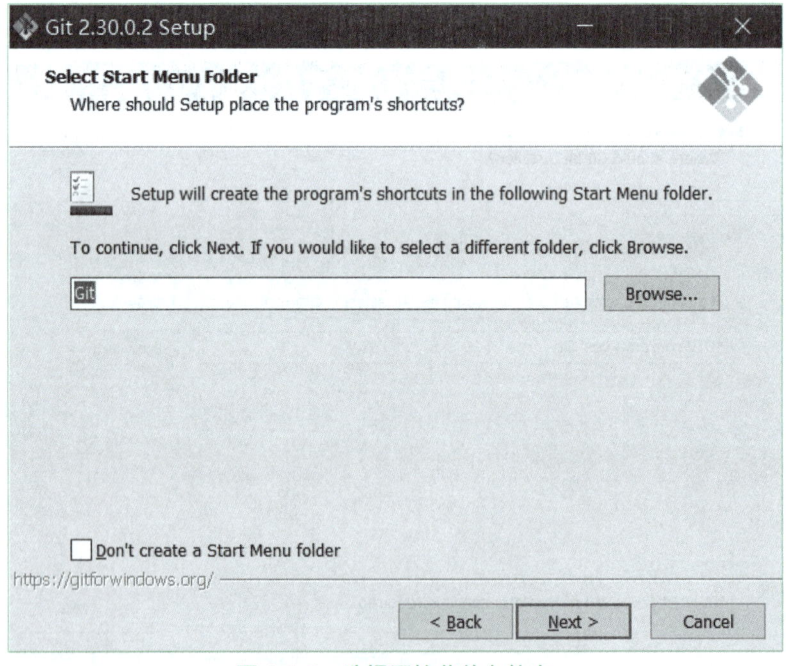

图 1-1-6　选择开始菜单文件夹

（6）弹出Choosing the default editor used by Git界面，选择Git编辑器（默认选择 Vim），单击Next按钮，如图1-1-7所示。

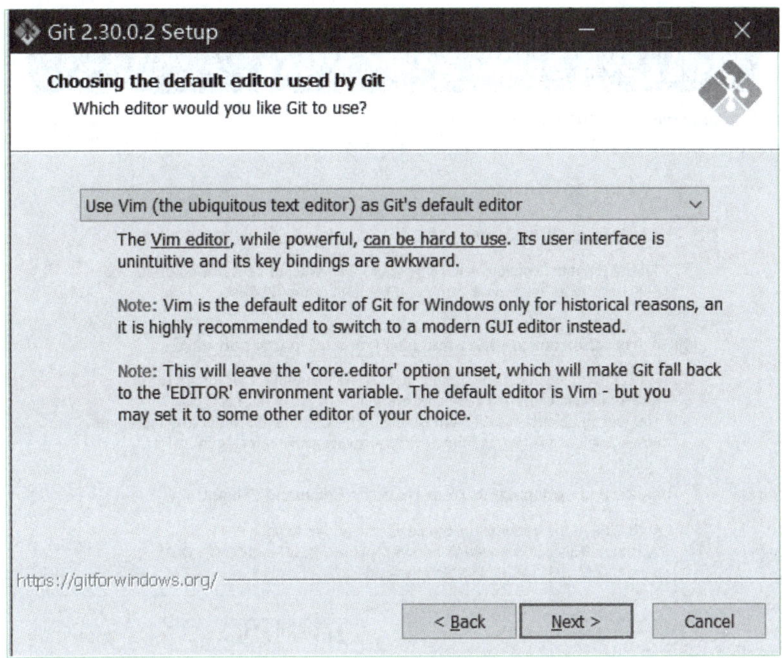

图 1-1-7　选择 Git 编辑器

（7）弹出Adjusting the name of the initial branch in new repositories界面，调整新存储库中初始分支的名称，选中Let Git decide单选按钮，单击Next按钮，如图1-1-8所示。

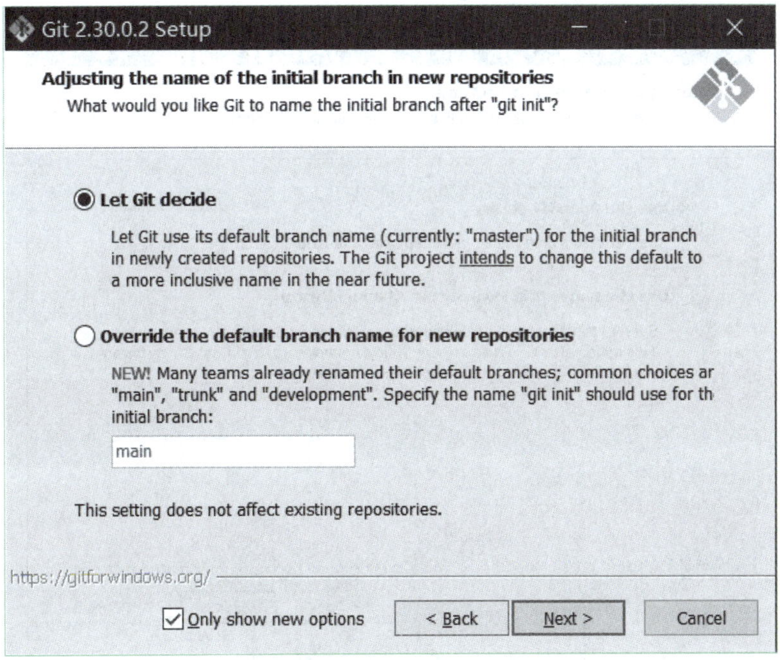

图 1-1-8　调整初始分支

（8）弹出Adjusting your PATH environment界面，设置Git的执行环境路径，选中Git from the command line and also from 3rd-party software单选按钮，单击Next按钮，如图1-1-9所示。

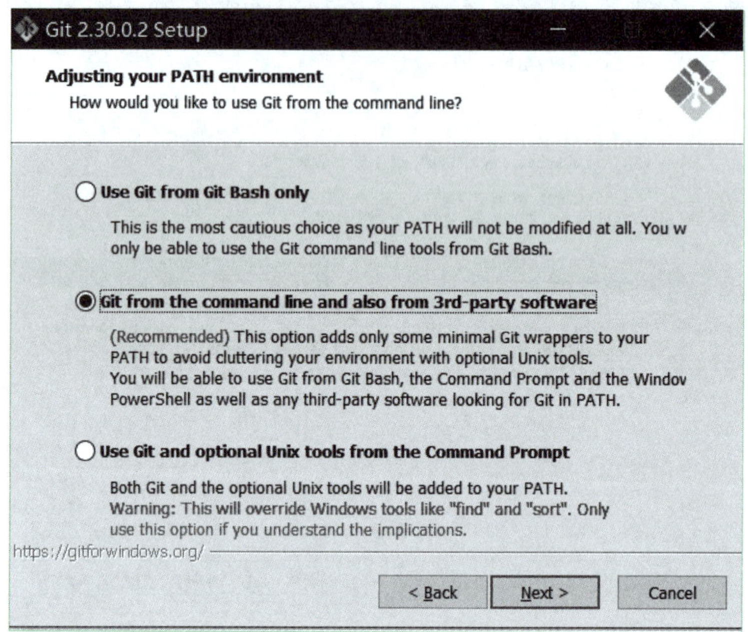

图 1-1-9　设置 Git 的执行环境路径

（9）弹出Choosing HTTPS transport backend界面，设置HTTPS的传输端，选中Use the OpenSSL library单选按钮，单击Next按钮，如图1-1-10所示。

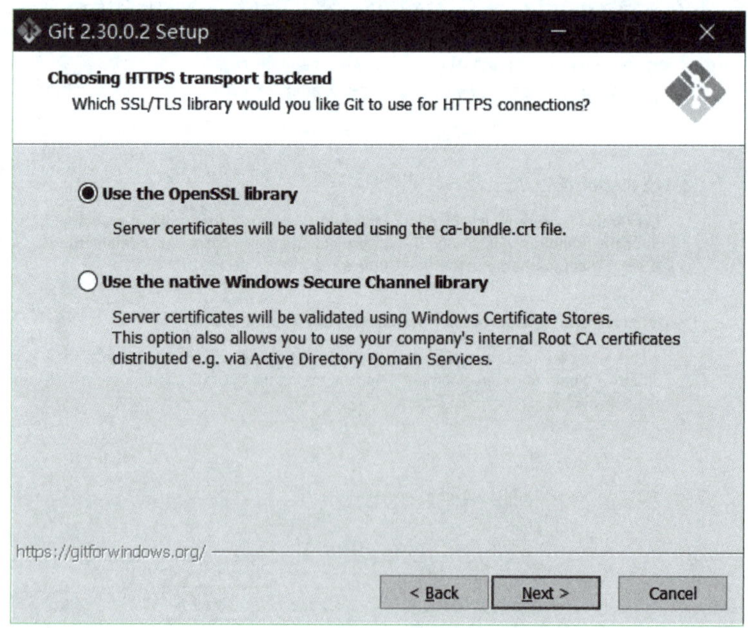

图 1-1-10　设置 HTTPS 的传输端

（10）弹出Configuring the line ending conversions界面，配置行尾转换，选中Checkout Windows-style, commit Unix-style line endings单选按钮，单击Next按钮，如图1-1-11所示。

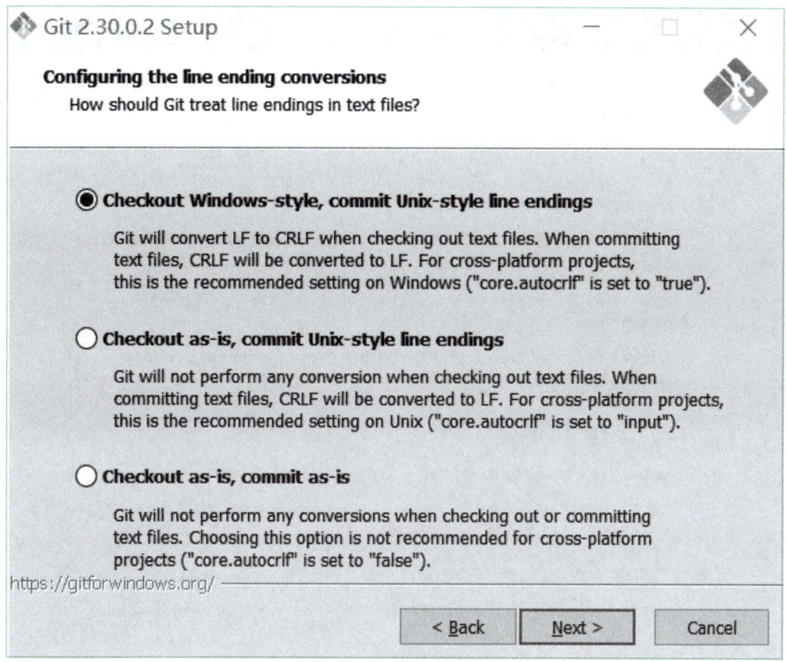

图 1-1-11 配置行尾转换

（11）弹出Configuring the terminal emulator to use with Git Bash界面，配置 Git 终端，选中Use MinTTY单选按钮，单击Next按钮，如图1-1-12所示。

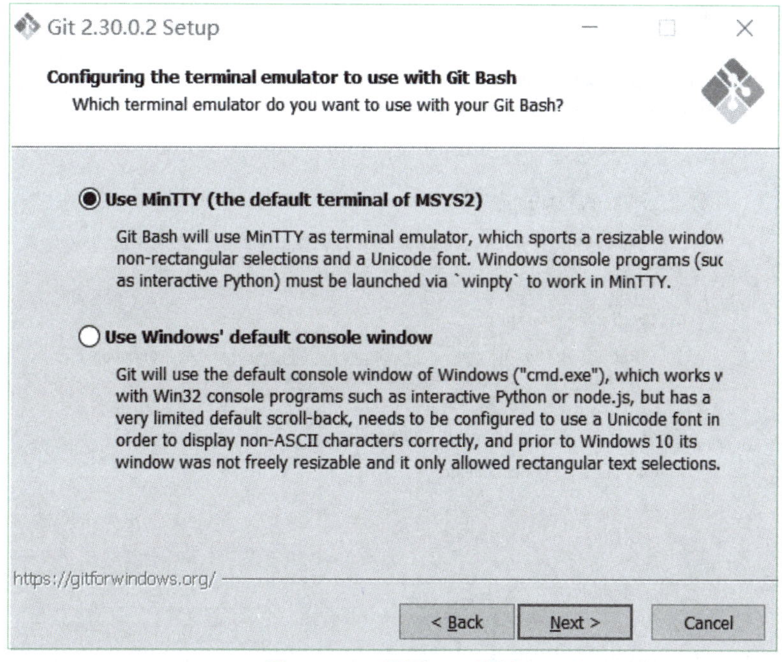

图 1-1-12 配置 Git 终端

（12）弹出Choose the default behavior of 'git pull'界面，设置git pull的方式，选中Default单选按钮，单击Next按钮，如图1-1-13所示。

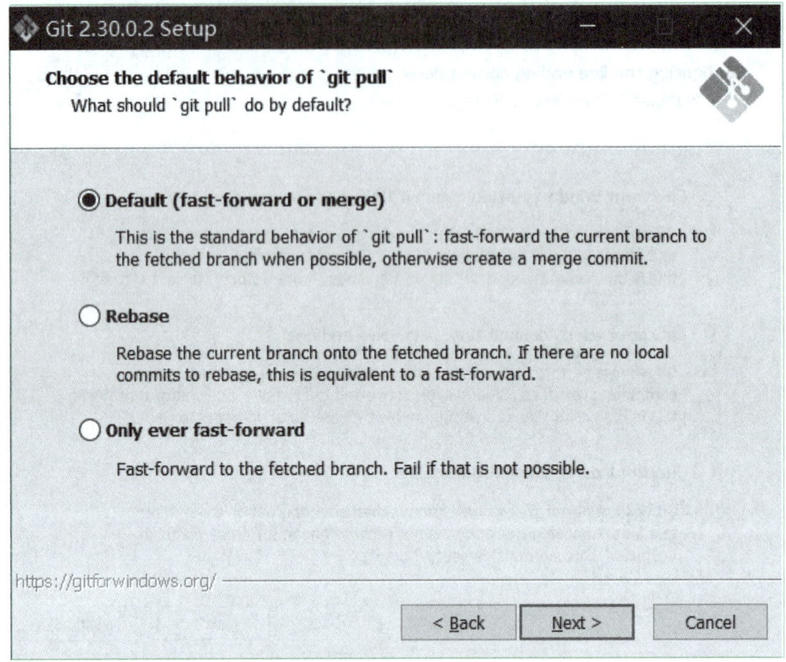

图 1-1-13　设置 git pull 的方式

（13）弹出Choose a credential helper界面，选择Git凭据管理器，选中Git Credential Manager Core单选按钮，单击Next按钮，如图1-1-14所示。

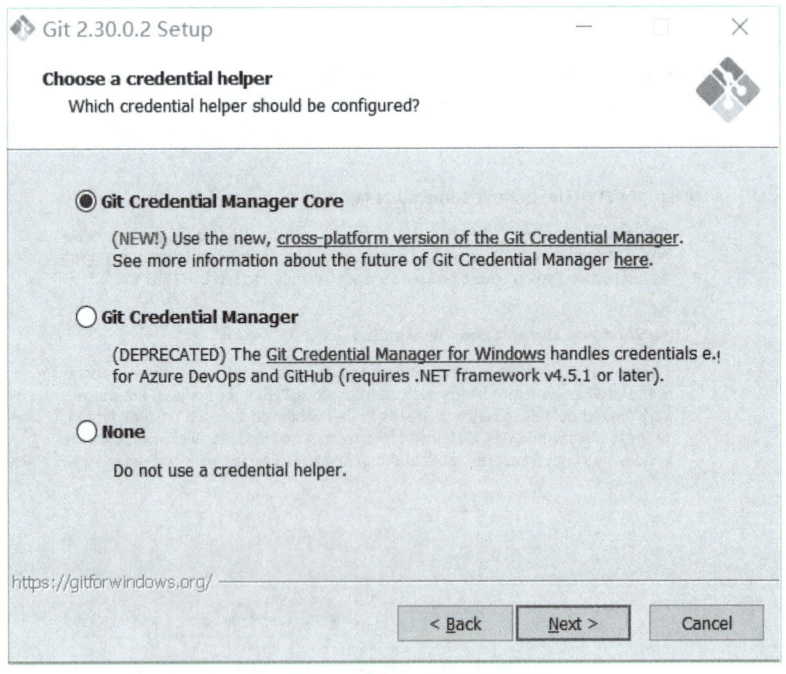

图 1-1-14　选择 Git 凭据管理器

（14）弹出Configuring extra options界面，配置Git的额外选项，勾选Enable file system caching复选框，单击Next按钮，如图1-1-15所示。

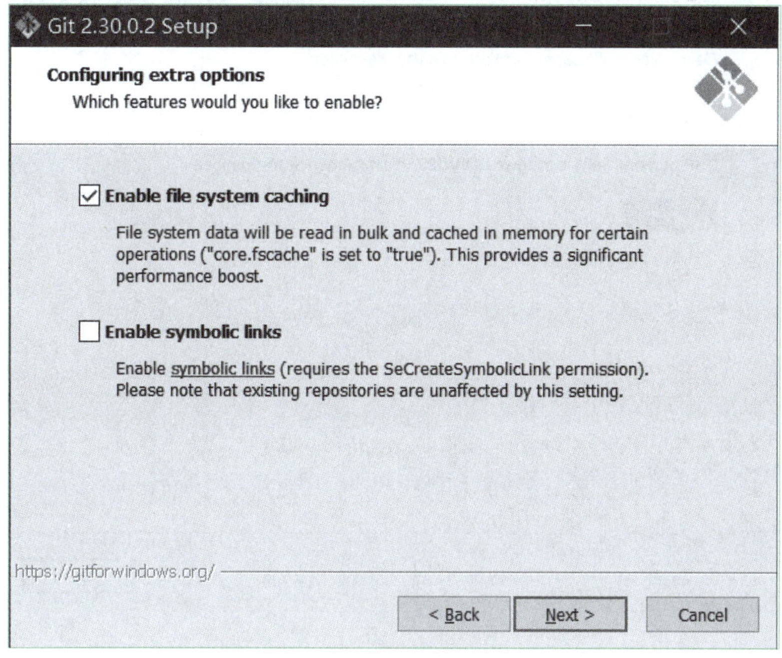

图 1-1-15　配置 Git 的额外选项

（15）弹出Configuring experimental options界面，配置测试选项，勾选Enable experimental support for pseudo consoles复选框，单击Install按钮，如图1-1-16所示。

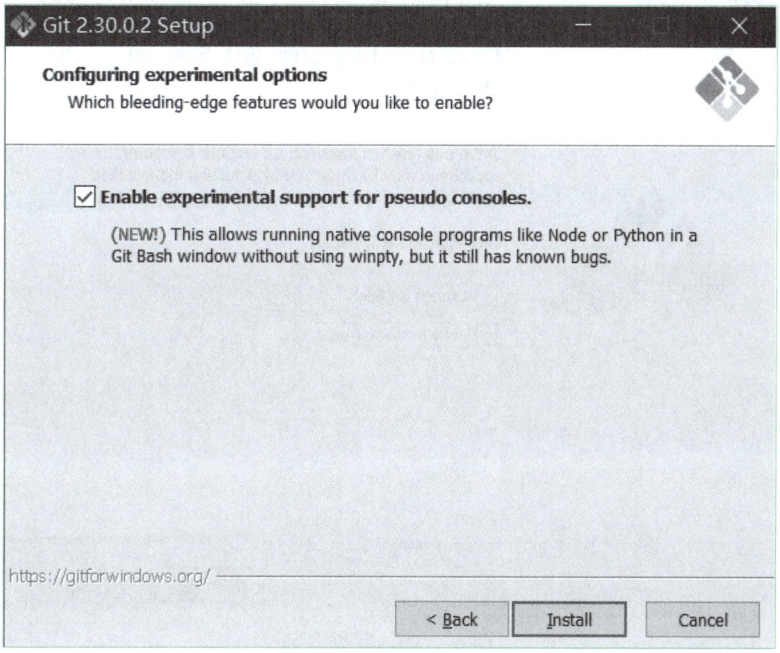

Git 2.30.0.2 Setup
Configuring experimental options
Which bleeding-edge features would you like to enable?
Enable experimental support for pseudo consoles.
(NEW!) This allows running native console programs like Node or Python in a Git Bash window without using winpty, but it still has known bugs.
https://gitforwindows.org/
< Back
Install
Cancel

图 1-1-16　配置测试选项

（16）弹出Installing界面，等待安装，如图1-1-17所示。

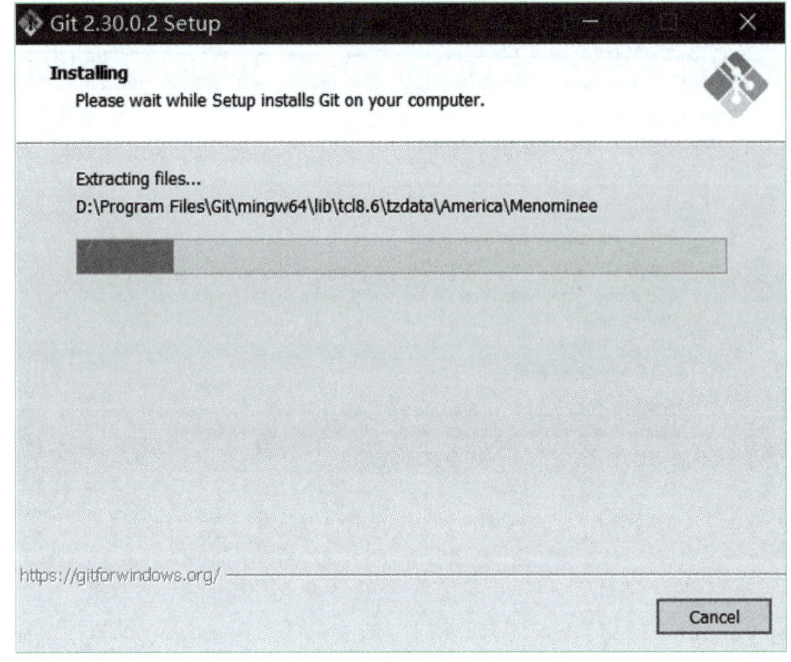

图 1-1-17　正在安装

（17）完成安装后，取消勾选View Release Notes复选框，单击Finish按钮，如图1-1-18所示。

图 1-1-18　完成安装

到此，Git工具安装完毕。

知识链接

gitee（码云）是我国开发的一款基于Git开源的代码托管平台，它能够实现代码托管、项目管理、协作开发，是目前国内较大的代码托管系统。

步骤3： 通用账号注册。

（1）打开gitee（码云）网站，如图1-1-19所示。

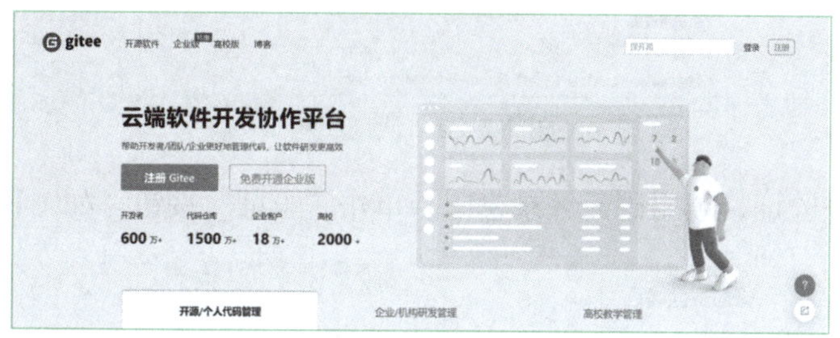

图 1-1-19　打开 gitee（码云）网站

（2）单击“注册gitee”按钮，输入相关信息，使用手机号注册，勾选“我已阅读并同意使用条款及非活跃账号处理规范”复选框，单击“立即注册”按钮，如图1-1-20所示。

图 1-1-20　注册码云账号

（3）单击“添加绑定”超链接，绑定邮箱，如图1-1-21所示。

图 1-1-21　绑定邮箱

(4) 单击"新增"按钮，认证邮箱，如图1-1-22所示。

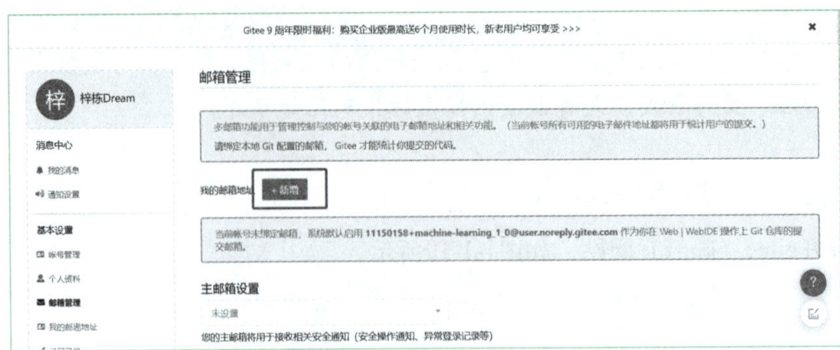

图 1-1-22　认证邮箱

(5) 账号安全验证，填写码云登录密码，单击"验证"按钮，如图1-1-23所示。

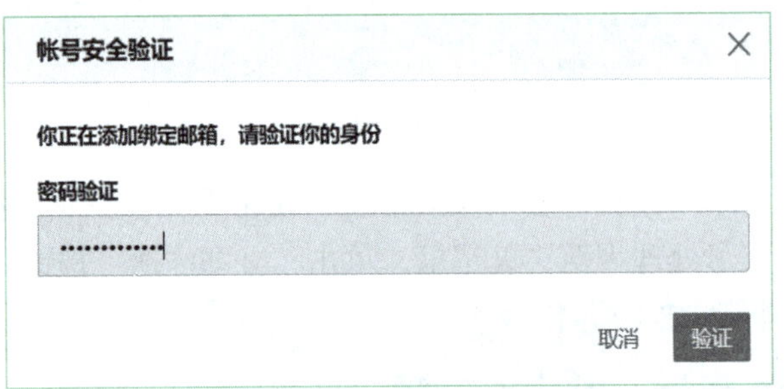

图 1-1-23　账号安全验证

(6) 填写邮箱地址，单击"确定"按钮，如图1-1-24所示。

图 1-1-24　填写邮箱地址

(7) 弹出"邮箱绑定"提示界面，如图1-1-25所示。

图 1-1-25　成功发送验证邮件

（8）Gitee账号绑定邮箱确认，单击“确认绑定”按钮，如图1-1-26所示。

图 1-1-26　绑定个人邮箱

（9）弹出“邮箱绑定”提示界面，如图1-1-27所示。

图 1-1-27　成功绑定邮箱

到此，码云通用账号创建成功。

步骤4： 教师码云账号申请高校版。

（1）通用账号注册结束后，单击“高校版”超链接，进入注册页面，如图1-1-28所示。

图 1-1-28　高校版账号注册

（2）单击“我是教师，免费申请高校版”按钮，如图1-1-29所示。

图 1-1-29　高校版页面

（3）填写相关教师信息，单击“提交申请”按钮，等码云官方审核通过，如图1-1-30所示。

图 1-1-30　注册高校版信息

步骤5： 邀请学生加入高校工作台。

（1）单击“添加人员”按钮，进入邀请页面，如图1-1-31所示。

图 1-1-31　添加人员

（2）创建邀请成员链接，单击“点击复制”按钮，邀请学生加入，如图1-1-32所示。

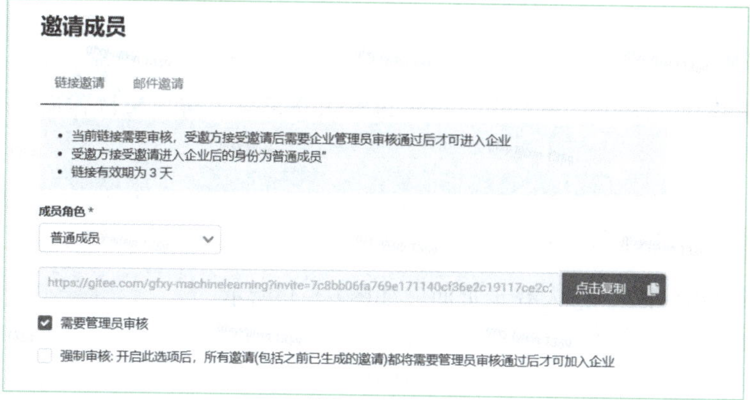

图 1-1-32 邀请成员

（3）单击“团队管理”→“添加团队”选项，创建项目团队，如图1-1-33所示。

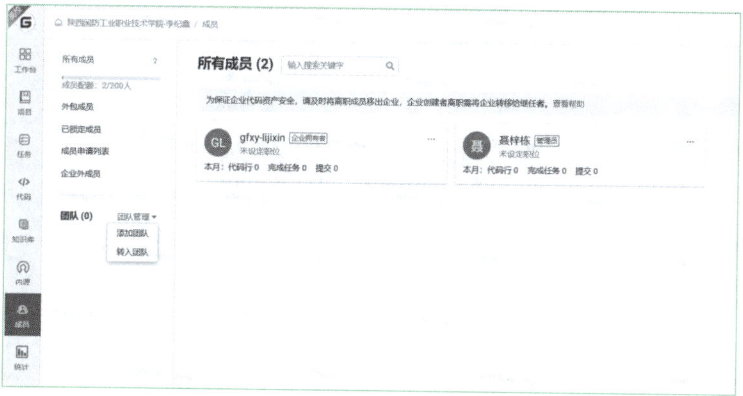

图 1-1-33 创建项目团队

（4）填写团队相关信息，完成后单击“新建”按钮，如图1-1-34所示。

图 1-1-34 填写团队相关信息

其中“成员”是刚才邀请加入高校平台的学生。

知识链接

TAPD是腾讯敏捷协作平台，是一款由腾讯公司自主研发的协作及软件研发管理平台。

步骤6： TAPD账号注册。

（1）打开TAPD网站，进入登录页面，如图1-1-35所示。

图 1-1-35　注册 TAPD

（2）单击“注册公司”超链接，进入注册页面，如图1-1-36所示。

图 1-1-36　选择版本

（3）选择“专业版”，单击“免费试用”按钮，进入注册页面。输入手机号，单击“获取验证码”按钮，填入验证码后，单击“下一步”按钮，如图1-1-37所示。

图 1-1-37 填写注册信息

（4）完善注册信息。公司信息可以根据实际情况填写，个人信息就是教师信息，输入信息后，单击“下一步”按钮，如图1-1-38所示。

图 1-1-38 完善注册信息

（5）邮箱验证，单击“登录邮箱”按钮，如图1-1-39所示。

图 1-1-39　登录验证邮箱

（6）登录QQ邮箱，如图1-1-40所示。

图 1-1-40　登录 QQ 邮箱

（7）登录邮箱，找到验证邮件，单击“点击验证”按钮，如图1-1-41所示。

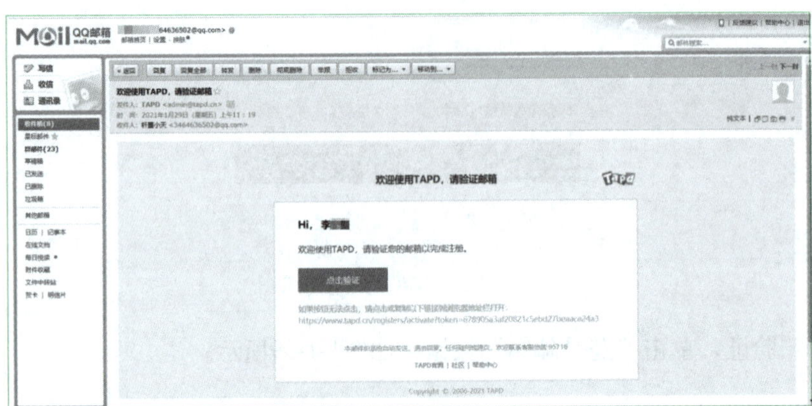

图 1-1-41　验证邮箱

验证成功后转调到TAPD登录页面，此时说明TAPD注册成功，如图1-1-42所示。

图 1-1-42 成功注册 TAPD

知识链接

CSDN全称为中国软件开发者网络，它为中国软件开发者提供知识传播、在线学习、职业发展等全生命周期服务。

步骤7： CSDN账号注册。

（1）打开CSDN网站，单击“登录/注册”超链接，如图1-1-43所示。

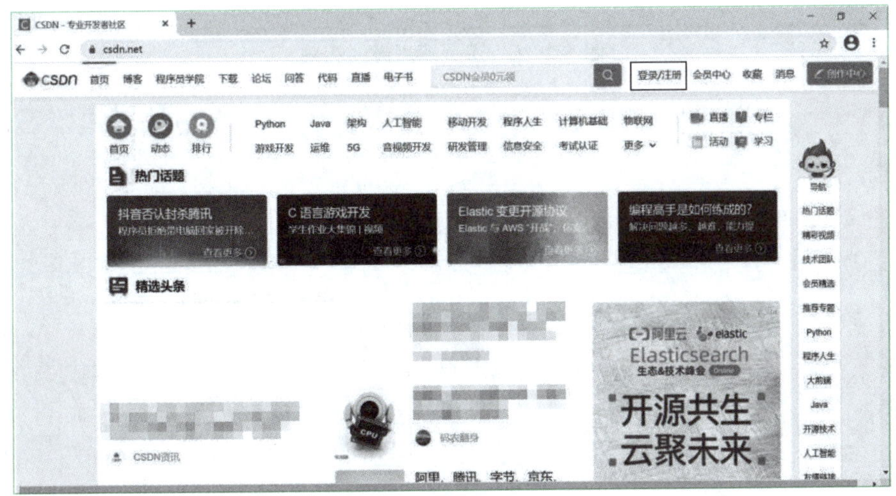

图 1-1-43 打开注册页面

（2）使用微信扫描注册登录，如图1-1-44所示。

图 1-1-44　微信扫描登录

（3）进入CSDN，选择感兴趣的领域，单击“确定”按钮，如图1-1-45所示。

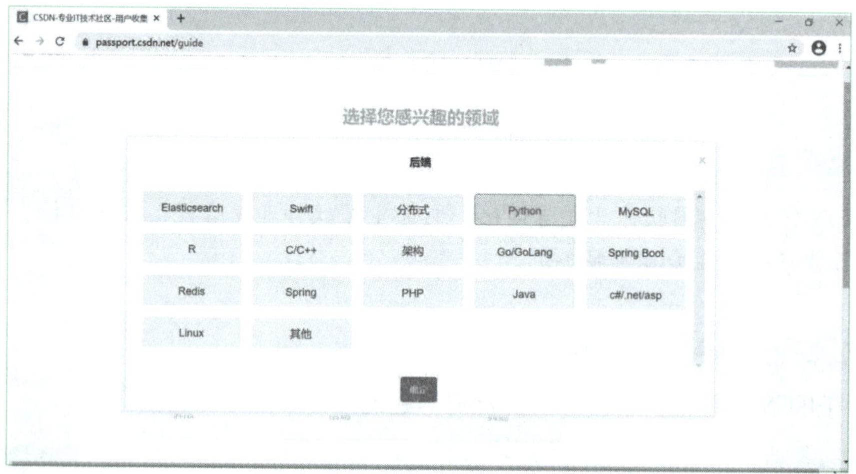

图 1-1-45　选择感兴趣的领域

【账号创建】考评记录

姓名		完成日期	
序号	考核内容	标准分	评分
1	成功安装Git工具	30	
2	成功注册码云账号	30	
3	成功注册TAPD账号	20	
4	成功注册CSDN账号	20	
总评分		100	

任务实现心得：

思考题

1. Git 如何拉取和提交代码?
2. 如何使用 pull request 进行团队协作？
3. 团队领导如何接收 pull request?
4. 在码云中如何搜索开源项目？
5. 如何在码云中创建仓库?
6. 如何在码云中提交代码?
7. 如何在 TAPD 中查看任务和接收任务?

学习笔记

任务2 环境搭建

任务描述

情境描述	前期工作准备完毕之后，聂老师选用目前主流的Python编程语言开发本项目，另外还需要选择数据库管理和存储数据
任务分解	分析上面的工作情境，将任务分解如下： 1．搭建Python环境。 2．安装PyCharm开发工具。PyCharm是一种Python语言开发工具。 3．安装MySQL数据库。MySQL是常用的关系数据库管理系统
任务准备	1．Python安装包。 2．PyCharm安装包。 3．MySQL安装包

任务目标

知识目标	1．认识Python解释器。 2．掌握PyCharm和MySQL安装方法
技能目标	1．会搭建Python环境。 2．能使用PyCharm创建Python工程。 3．能使用root用户连接到MySQL数据库
素养目标	细心与耐心：在安装Python解释器、PyCharm开发工具和MySQL数据库的过程中，需要严格按照实操手册操作，提高个人细心耐心的作风

任务实现

步骤1： 安装Python解释器。

（1）打开Python官网，单击Downloads超链接，选择Windows，如图1-2-1所示。

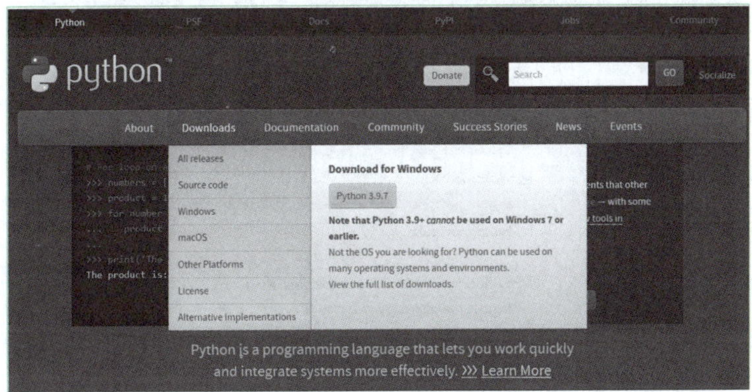

图1-2-1 打开官网

选择Python 3.6.3版本，下载Windows x86 executable installer，如图1-2-2所示。

图 1-2-2　选择 Python 版本

（2）下载完成后单击安装包，勾选Add Python 3.6 to PATH复选框，单击Customize installation超链接，如图1-2-3所示。

图 1-2-3　开始安装解释器

（3）设置安装路径，勾选图1-2-4和图1-2-5所示界面中的复选框。

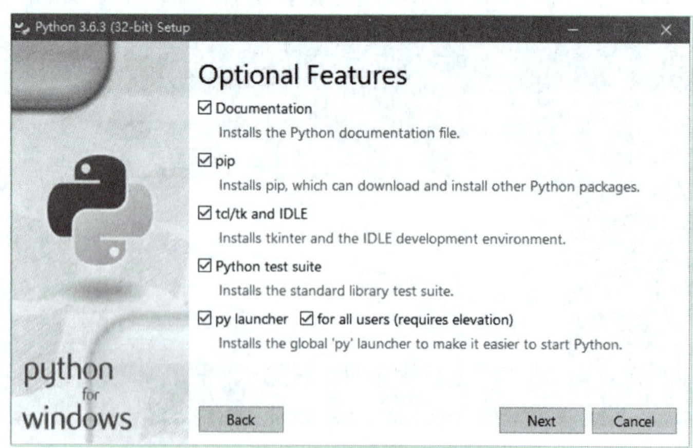

图 1-2-4　解释器特征选择

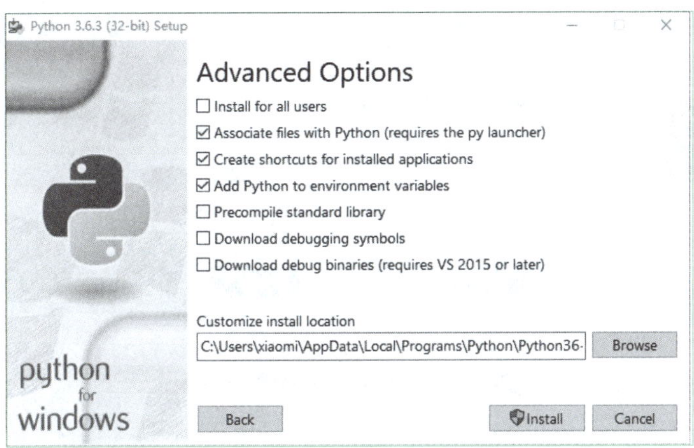

图 1-2-5 安装路径选择

（4）单击Install按钮开始安装，如图1-2-6所示。

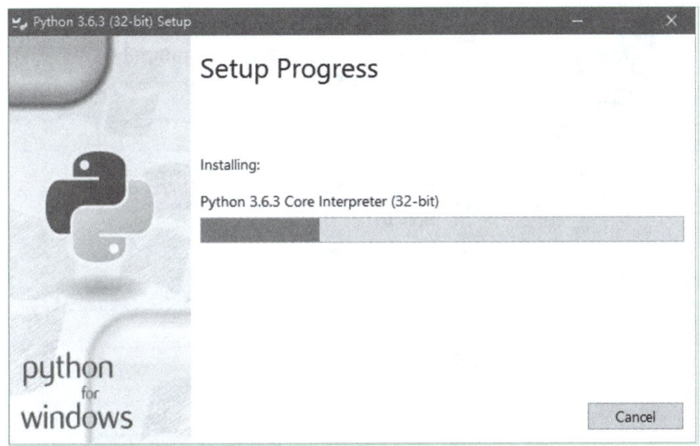

图 1-2-6 开始安装

安装完成之后，单击Close按钮，输出第一个程序hello world，如图1-2-7所示。

```
Microsoft Windows [版本 10.0.19043.1165]
(c) Microsoft Corporation。保留所有权利。

C:\Users\nyymx>python
Python 3.6.3 (v3.6.3:2c5fed8, Oct  3 2017, 17:26:49) [MSC v.1900 32 bit (Intel)] on win32
Type "help", "copyright", "credits" or "license" for more information.
>>> print("hello world")
hello world
>>>
```

图 1-2-7 验证 Python 环境

步骤2: 安装PyCharm。

（1）打开链接https://www.jetbrains.com/pycharm/download/#section=windows，选择community版本，单击Download按钮，如图1-2-8所示。

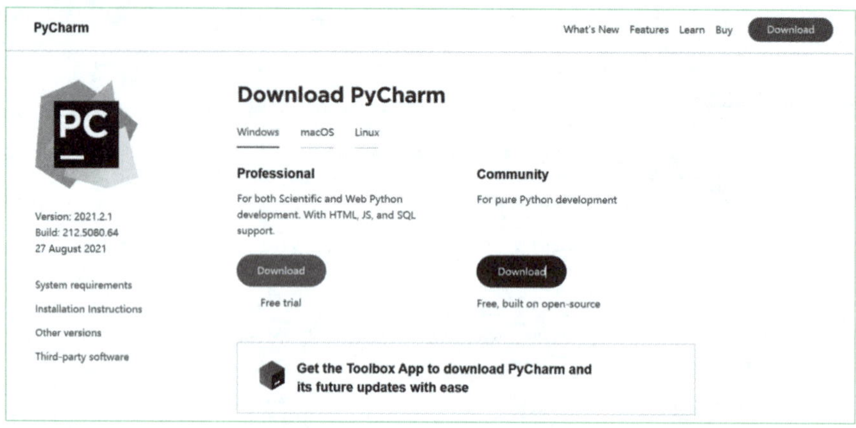

图 1-2-8　下载 PyCharm 解释器

（2）下载完成后，双击程序，单击Next按钮，如图1-2-9所示。

图 1-2-9　单击安装程序

（3）设置安装路径，单击Next按钮，如图1-2-10所示。

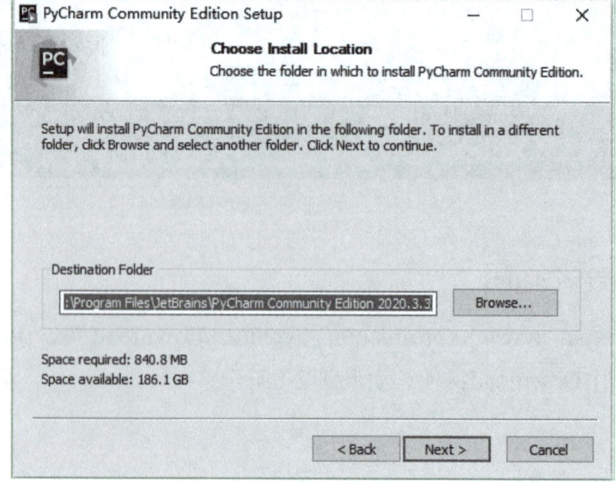

图 1-2-10　设置安装路径

（4）勾选图1-2-11中相应复选框，单击Next按钮。

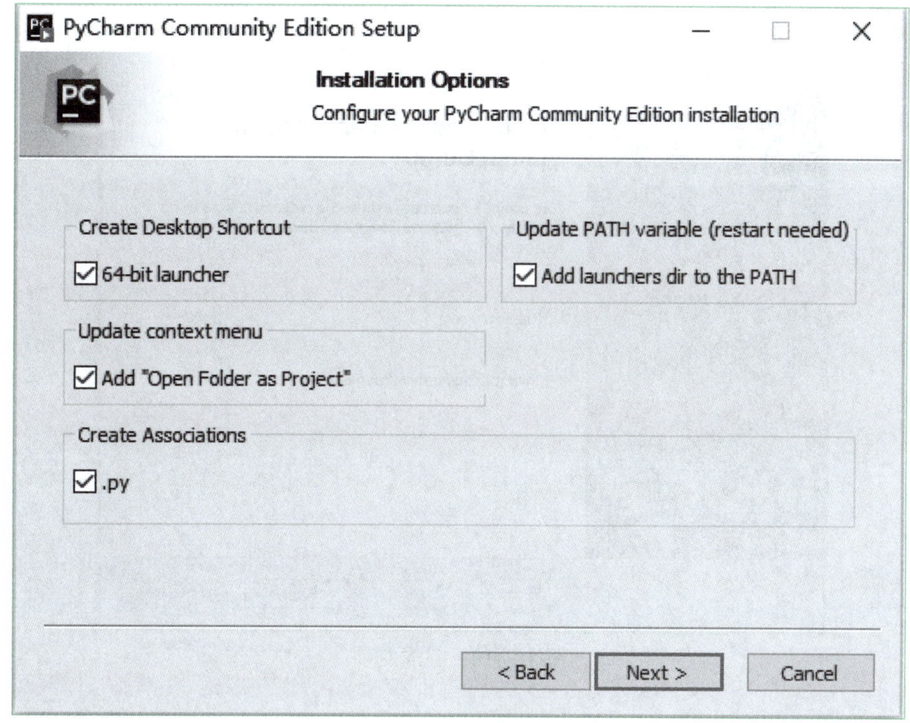

图 1-2-11　勾选安装配置

（5）单击Install按钮开始安装，如图1-2-12所示。

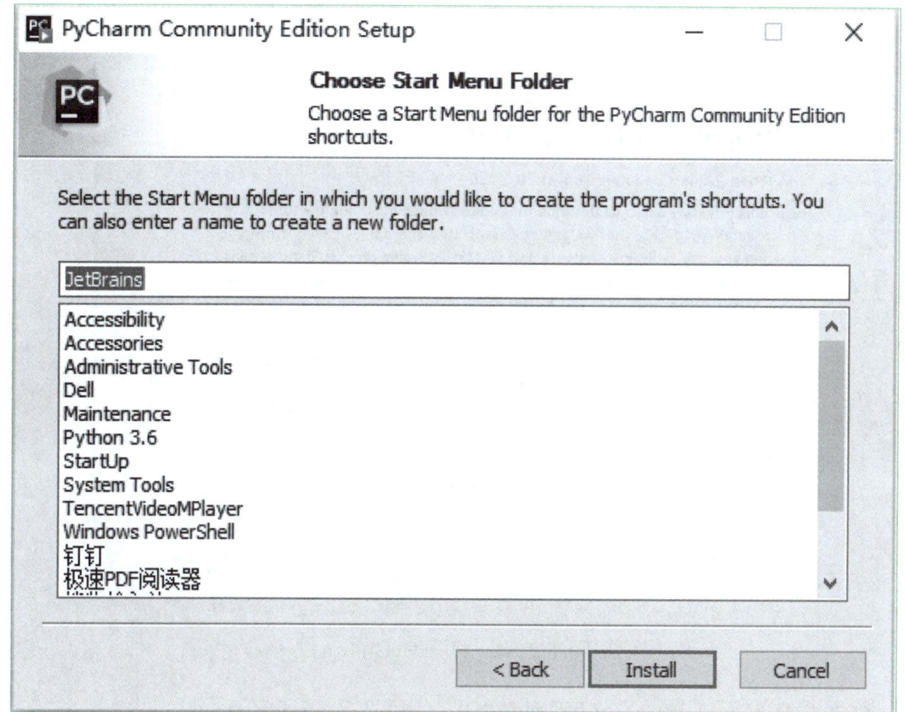

图 1-2-12　开始安装

（6）安装完成之后，选择I want to manually reboot later单选按钮，单击Finish按钮，如图1-2-13所示。

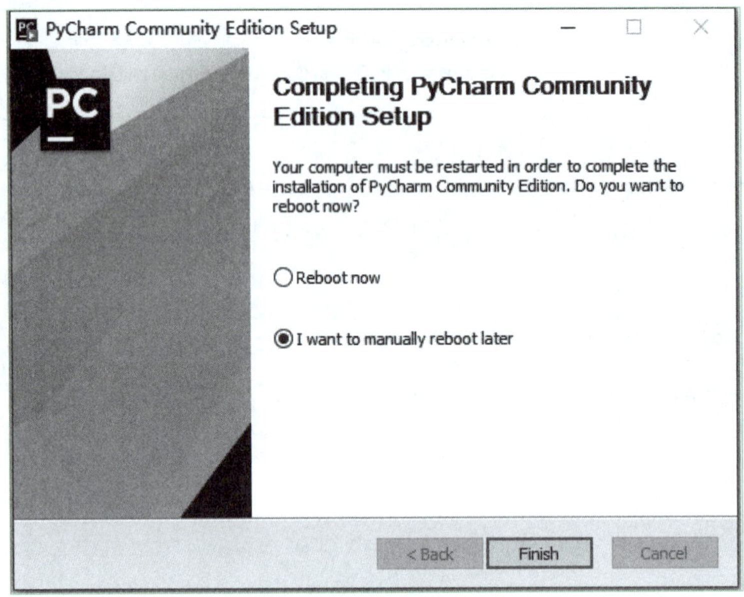

图 1-2-13　完成安装

步骤3: 配置PyCharm。

（1）打开PyCharm软件，勾选I confirm that I have read and accept the terms of this User Agreement复选框，单击Continue按钮，如图1-2-14所示。

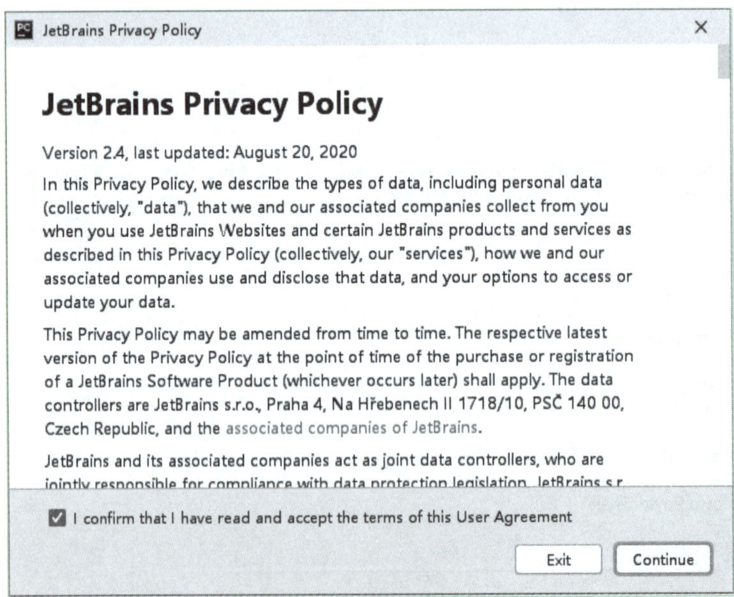

图 1-2-14　打开 PyCharm

（2）数据共享界面，单击Don't Send按钮，如图1-2-15所示。

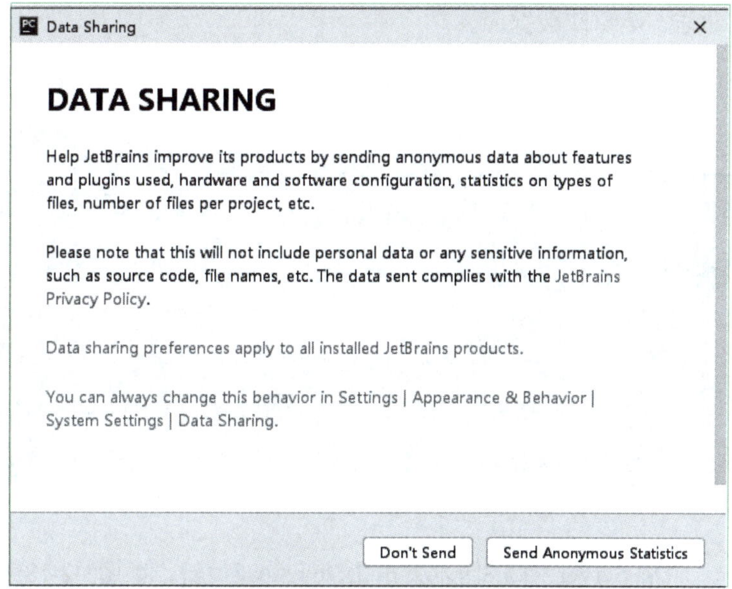

图 1-2-15　数据共享选项

安装成功后，页面如图1-2-16所示。

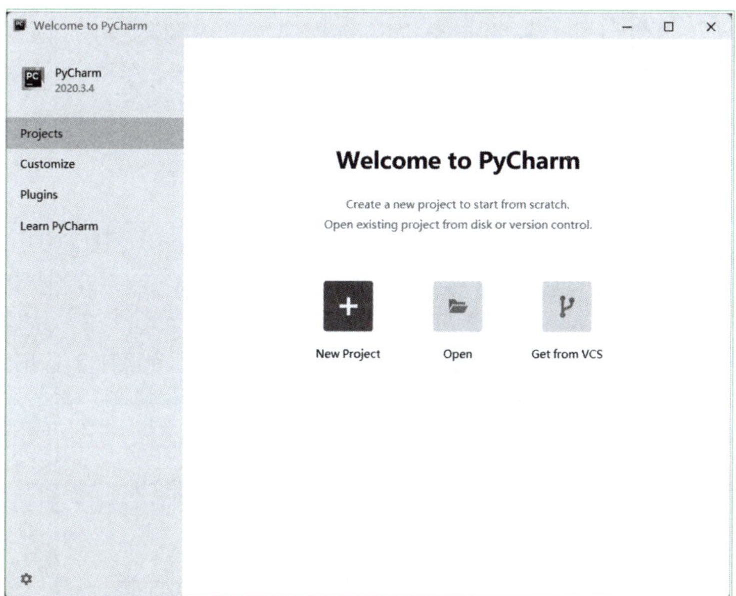

图 1-2-16　完成安装

知识链接

MariaDB数据库管理系统是MySQL的一个分支，主要由开源社区维护，采用GPL授权许可 MariaDB的目的是完全兼容MySQL，包括API和命令行，使之能轻松地成为MySQL的代替品。

步骤4： 安装MySQL数据库。

（1）打开MariaDB官网，单击Download按钮，如图1-2-17所示。

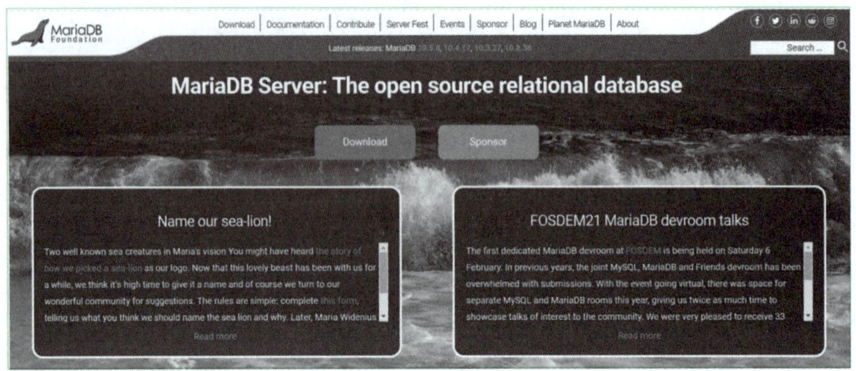

图 1-2-17　打开官网

（2）选择MariaDB Server 10.5.8版本，单击Download按钮，如图1-2-18所示。

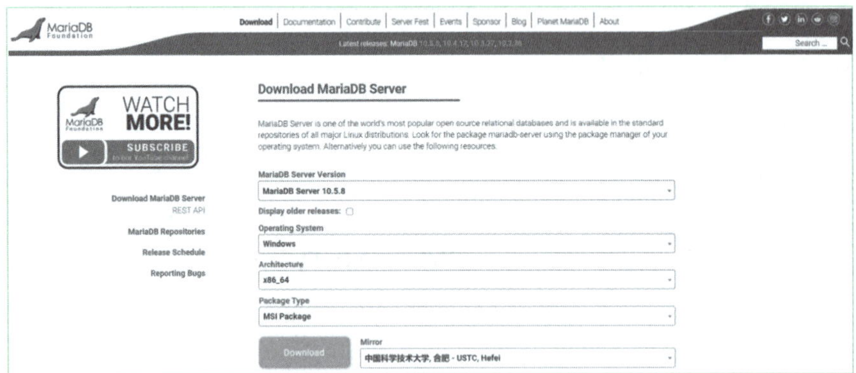

图 1-2-18　选择数据库版本

（3）双击mariadb-10.5.8-winx64.msi文件，单击Next按钮，如图1-2-19所示。

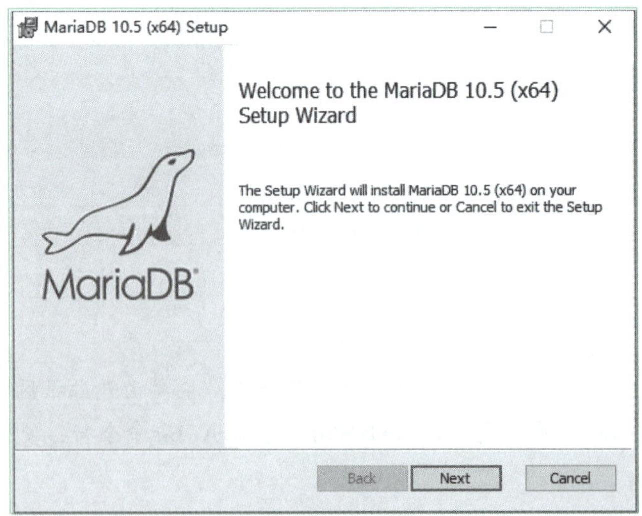

图 1-2-19　单击安装包程序

（4）勾选I accept the terms in the License Agreement复选框，单击Next按钮，如图1-2-20所示。

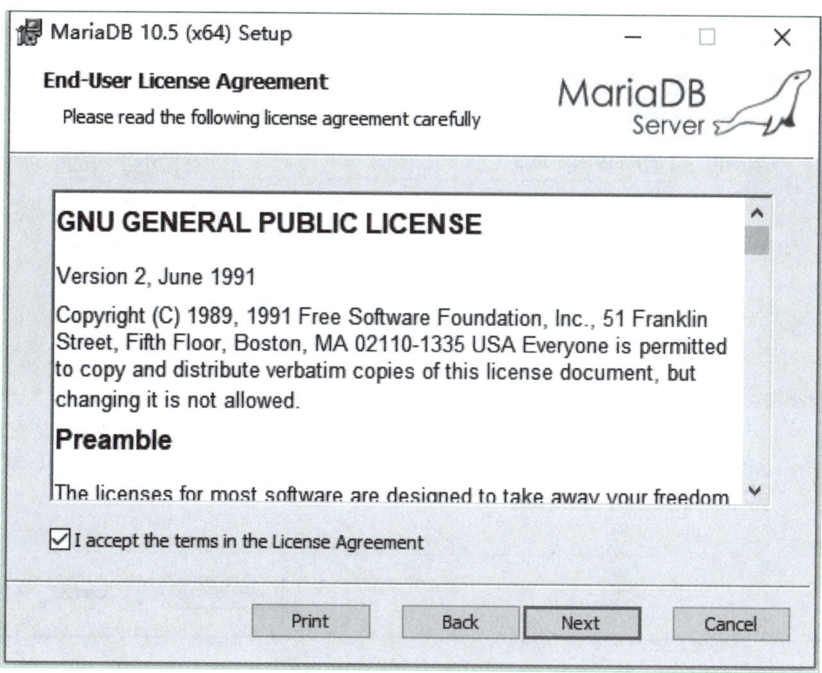

图 1-2-20　开始安装

（5）设置安装路径，单击Next按钮，如图1-2-21所示。

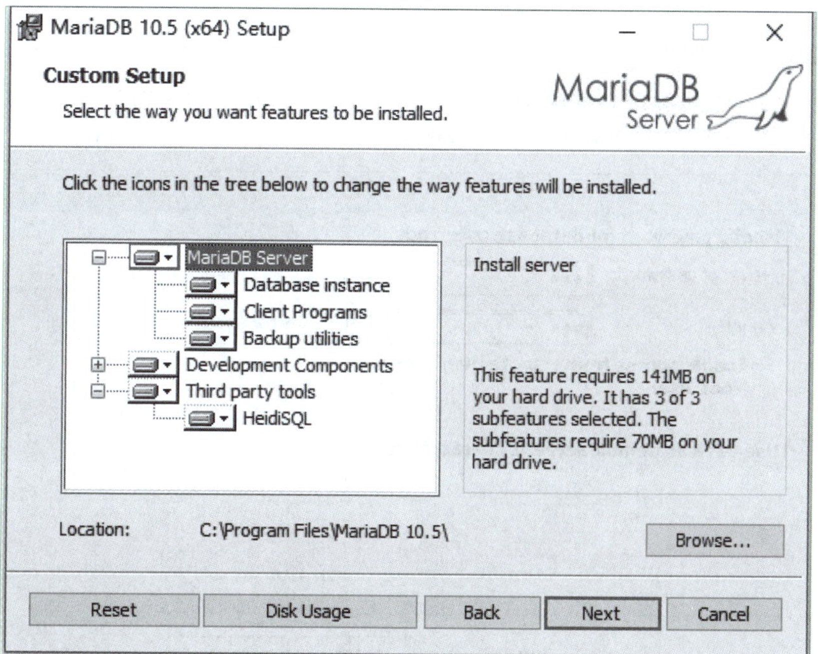

图 1-2-21　设置安装路径

单击Browse按钮选择本地安装路径，单击OK按钮，如图1-2-22所示。

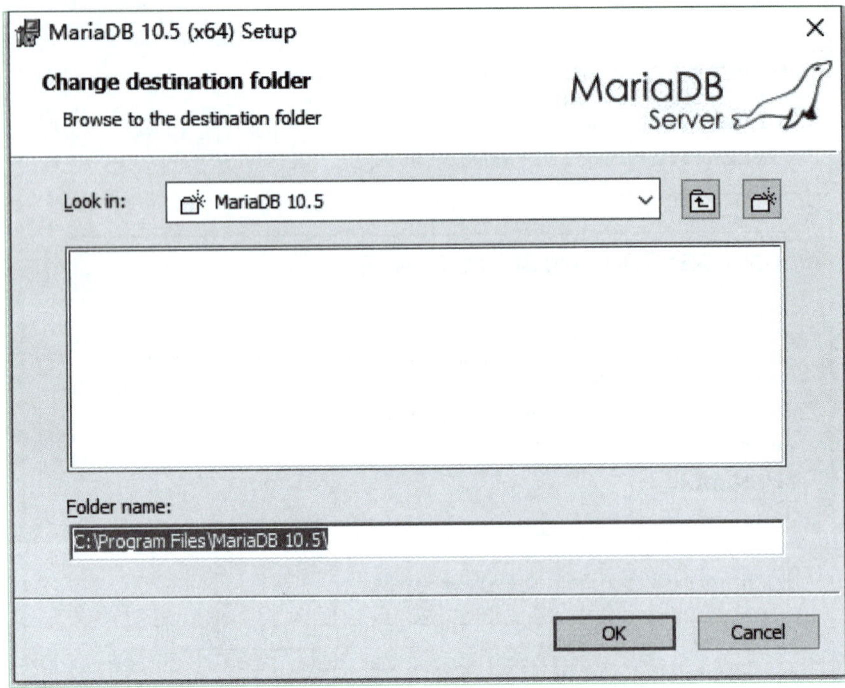

图 1-2-22 选择安装路径

（6）设置数据库密码，勾选Use UTF8 as default server's character set复选框，单击Next按钮，如图1-2-23所示。

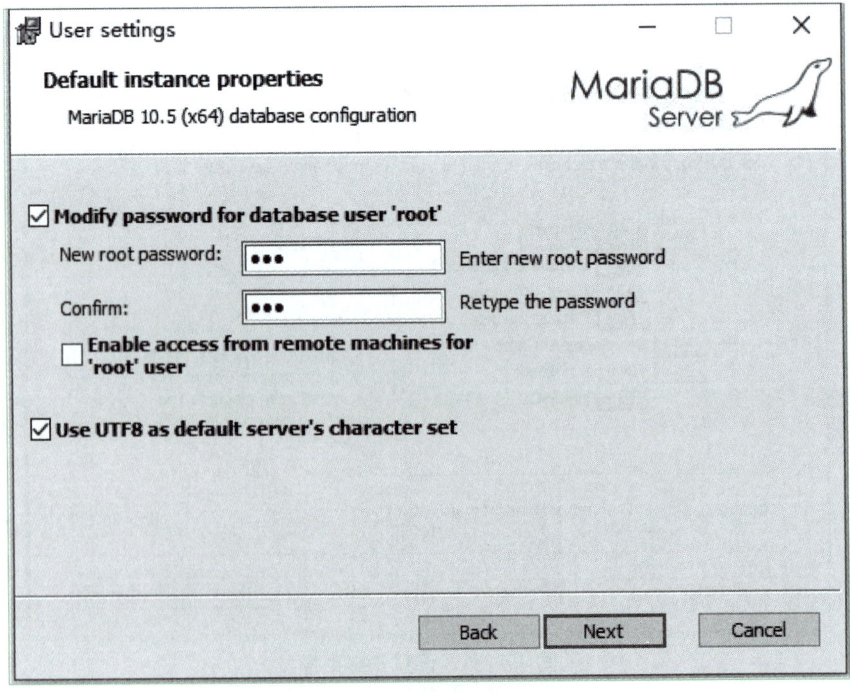

图 1-2-23 设置数据库密码

（7）设置数据库的服务进程名称为MariaDB，单击Next按钮，如图1-2-24所示。

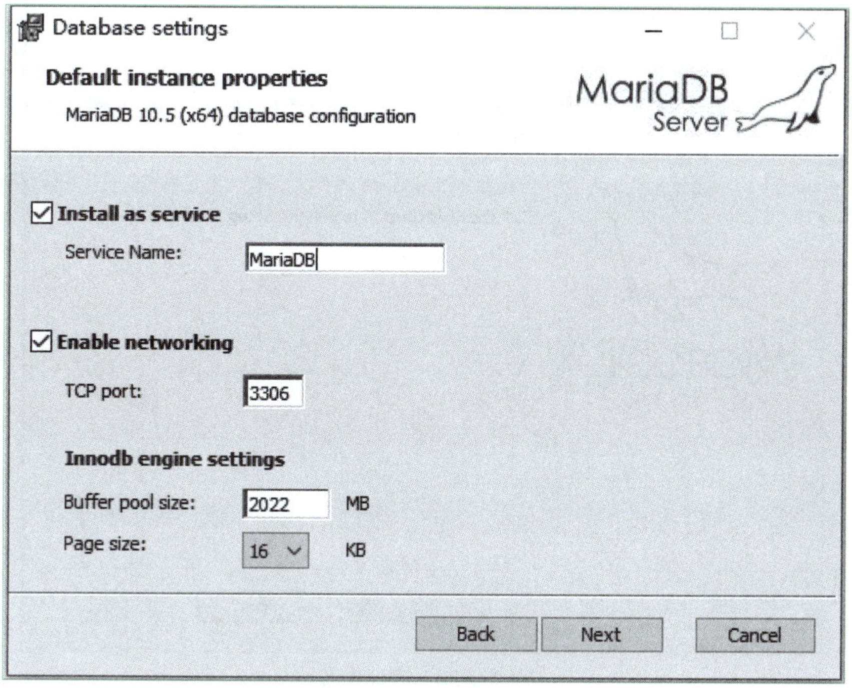

Database settings
Default instance properties
MariaDB 10.5 (x64) database configuration
MariaDB Server
Install as service
Service Name: MariaDB
Enable networking
TCP port: 3306
Innodb engine settings
Buffer pool size: 2022 MB
Page size: 16 KB
Back Next Cancel

图 1-2-24　修改服务器进程名

（8）单击Install按钮开始安装，如图1-2-25所示。

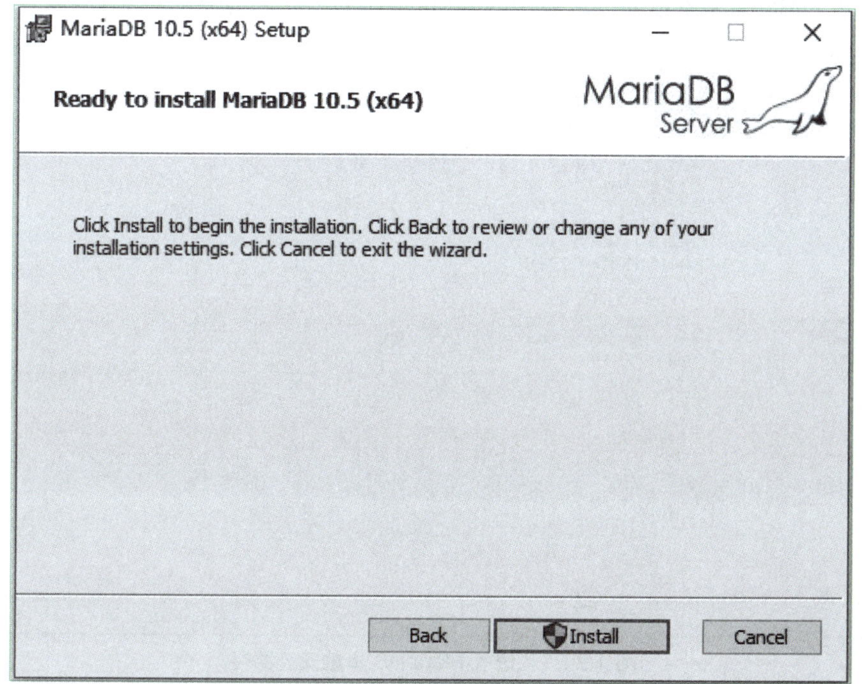

图 1-2-25　开始安装

（9）安装完成之后，单击Finish按钮，如图1-2-26所示。

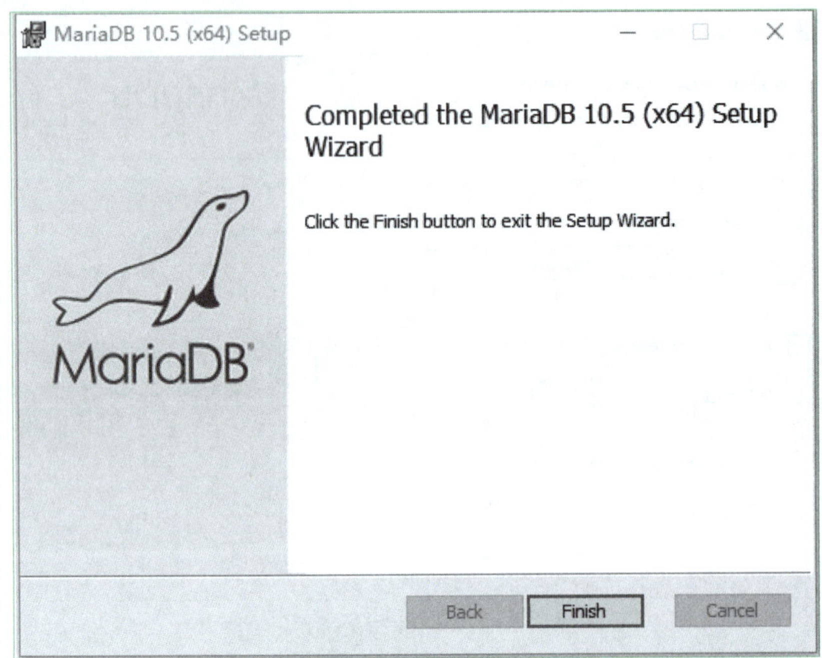

图 1-2-26　完成安装

步骤5： 配置数据库的环境变量。

（1）进入MariaDB本地安装路径中的 bin目录，如图1-2-27所示。

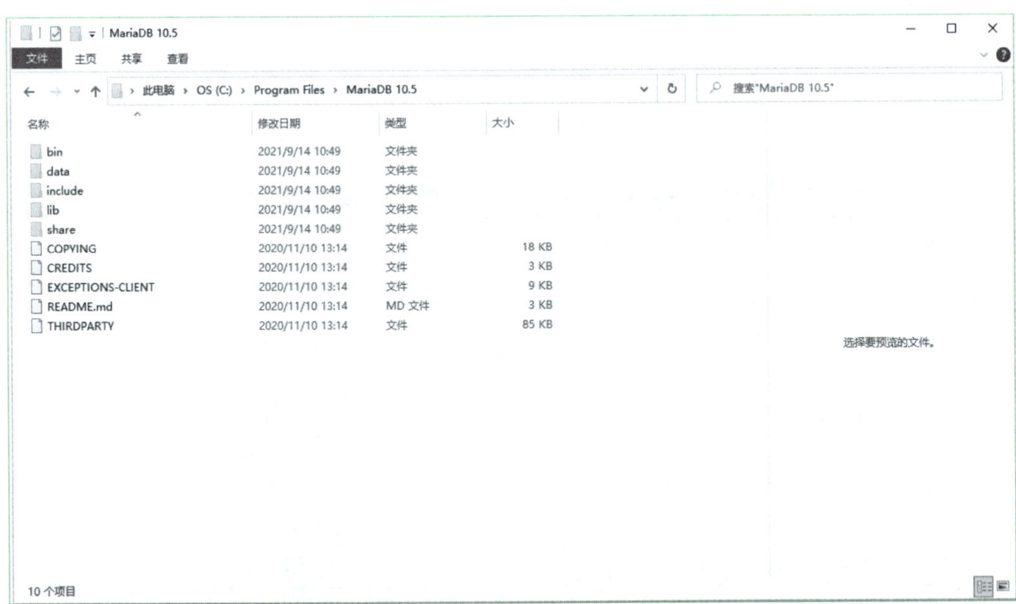

图 1-2-27　进入 MariaDB 本地安装路径

（2）打开环境变量设置页（右击计算机→属性→高级系统设置→环境变量），如图1-2-28所示。

图 1-2-28 “环境变量”对话框

（3）选择Path变量，单击“新建”按钮，添加MariaDB数据库的bin目录路径，单击“确定”按钮，如图1-2-29所示。

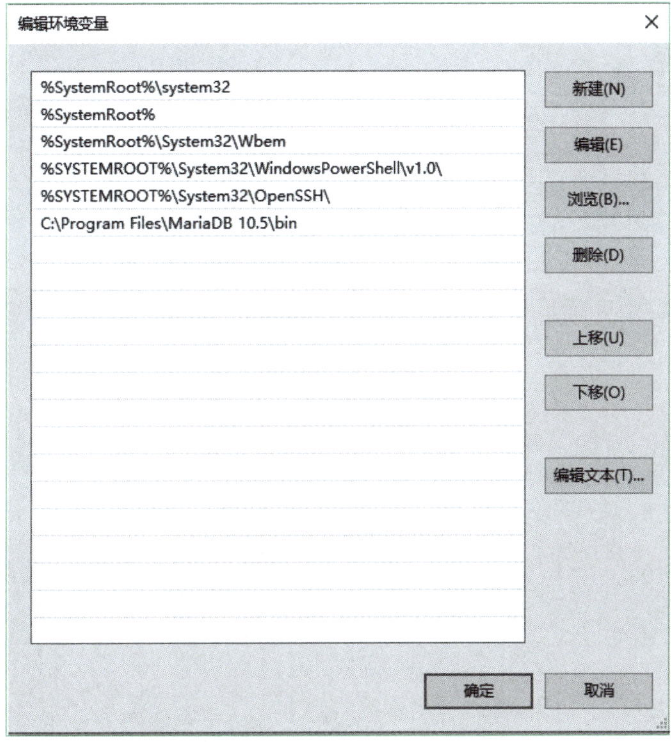

图 1-2-29 “编辑环境变量”对话框

（4）按【Windows+R】组合键，弹出“运行”对话框，如图1-2-30所示。

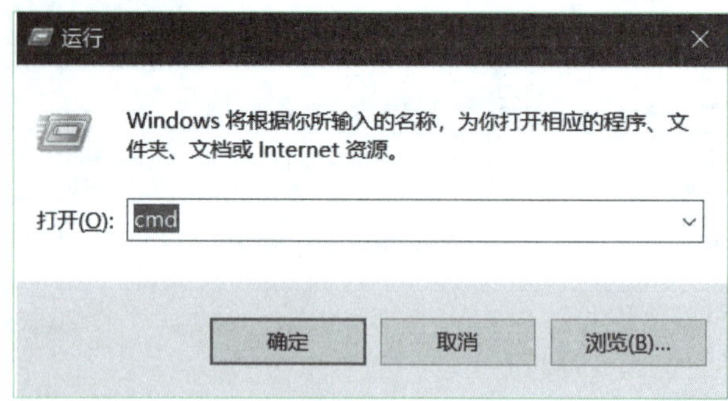

图 1-2-30　“运行”对话框

（5）输入cmd后按【Enter】键打开命令行，输入mysql -uroot -p，若进入数据库，说明MySQL安装成功，如图1-2-31所示。

```
C:\Users\nyymx>mysql -uroot -p
Enter password: ***
Welcome to the MariaDB monitor.  Commands end with ; or \g.
Your MariaDB connection id is 5
Server version: 10.5.8-MariaDB mariadb.org binary distribution

Copyright (c) 2000, 2018, Oracle, MariaDB Corporation Ab and others.

Type 'help;' or '\h' for help. Type '\c' to clear the current input statement.

MariaDB [(none)]>
```

图 1-2-31　验证数据库安装

【环境搭建】考评记录

姓名		完成日期	
序号	考核内容	标准分	评分
1	成功安装Python解释器	30	
2	成功安装PyCharm开发工具	30	
3	安装MySQL数据库	30	
4	成功配置MySQL环境变量	10	
总评分		100	

任务实现心得：

思考题

1. 如何使用 PyCharm 创建 Django 项目？
2. MariaDB 数据库和 MySQL 数据库的区别有哪些？

学习笔记

单元2 项目立项

项目立项作为项目发展周期初始阶段基本情况汇总的依据，起着至关重要的作用。本单元主要进行项目立项工作：分析需求，确认开发任务，设计数据表等。

学习目标

通过学习本单元内容，使学生了解项目立项阶段的工作内容与工作方法，掌握Django项目创建的相关知识，培养学生需求分析的能力。

任务1 需求分析

任务描述

情境描述	聂老师收到S公司关于梓栋电商网站的需求说明书，在立项阶段，需要根据需求说明书对系统进行初始阶段的分析与设计
任务分解	分析上面的工作情境，将任务分解如下： 1．需求分析：根据需求说明书对电商网站进行需求分析。 2．创建代码库：在Gitee上给项目创建代码仓库。 3．TAPD分组：在TAPD上给学生分配开发任务。 4．数据表的设计
任务准备	1．需求分析说明书。 2．准备码云和TAPD账号买家项目

任务目标

知识目标	1．掌握项目需求分析的方法。 2．掌握第三方平台创建项目的方法。 3．掌握数据库表的设计方法
技能目标	1．运用买家思维、场景思维、迭代思维、系统化思维、信息化思维进行需求分析。 2．使用TAPD和码云创建项目。 3．设计数据库表
素养目标	认真与团队意识：在需求分析的过程中，要与团队积极头脑风暴，增加团队意识，在数据表的设计中，要严谨细致、逻辑清晰

任务实现

知识链接

需求分析的方法：

①绘制系统关联图。这种关联图是用于定义系统与系统外部实体间的界限和接口的简单模型。

②创建接口原型。当产品经理或开发人员不能确定需求时，先开发一个接口原型，即系统局部实现，这样会使许多概念变得直观明了。

③分析需求可行性。在允许的成本、性能要求下，分析每项需求实施的可行性，明确与每项需求实现相联系的风险。

④确定需求的优先级别。应用分析方法确定使用实例、产品特性或单项需求实现的优先级别。

⑤需求建立模型。需求的图形分析模型是软件需求规格说明极好的补充。

⑥创建数据字典。数据字典是对系统用到的所有数据项和结构的定义，以确保开发人员使用统一的数据定义。

⑦质量功能调配（QFD）。这是一种高级系统技术，它将产品特性、属性与对客户的重要性联系起来。

步骤1: 电商网站的需求分析，如图2-1-1所示。

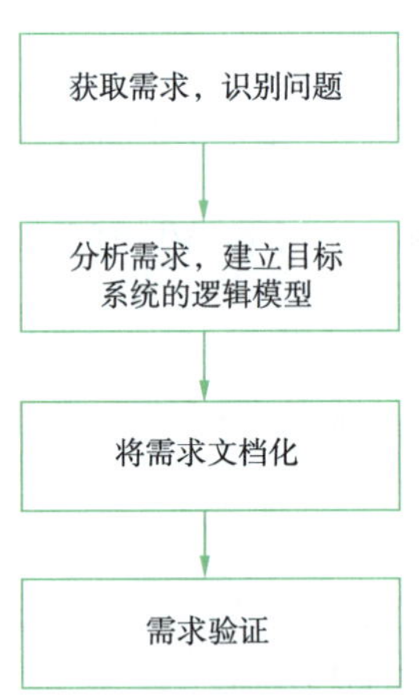

图 2-1-1　电商网站的需求分析流程图

（1）获取甲方公司需求，识别问题。需求分析应该从以下几个方面进行：

①在功能方面，需求包括系统要做什么，相对于原系统来说，目标系统需要进行哪些修改，目标买家有哪些，以及不同用户角色需要通过系统完成何种操作等。

②在性能方面，需求包括甲方对于系统执行速度、响应时间、吞吐量和并发数等指标的要求。

③在运行环境方面，需求包括目标系统对于网络设置、硬件设备、温度和湿度等周围环境的要求，以及对操作系统、数据库和浏览器等软件配置的要求。

④在界面方面，需求包括对数据输入/输出格式的限制及方式、数据的存储介质和显示器的分辨率要求等。

(2) 分析甲方公司需求，建立逻辑模型。在获得需求后，开发人员应该对问题进行分析抽象，并在此基础上从高层建立目标系统的逻辑模型。模型是对事物高层次的抽象，通常由一组符号和组织这些符号的规则组成。

(3) 编写需求文档。软件需求规格说明书主要描述软件的需求，从开发人员的角度对目标系统的业务模型、功能模型和数据模型等内容进行描述。作为后续软件设计和测试的重要依据，需求阶段的输出文档应该具有清晰性、无二义性和准确性，并且能够全面和确切地描述甲方公司的需求。

(4) 需求验证。对需求分析的成果进行评估和验证，确保需求分析的正确性、一致性、完整性和有效性，提高软件开发的效率。

步骤2： 在码云中创建项目管理。

(1) 登录到码云，打开高校版页面，单击“新建项目”按钮，如图2-1-2所示。

图 2-1-2 新建项目

(2) 选中“标准项目模板”单选按钮，单击“下一步”按钮，如图2-1-3所示。

图 2-1-3 选择项目模板

(3) 填写相关信息，如图2-1-4所示。

本步骤暂时不关联仓库。

步骤3: 创建项目仓库。

选择“代码”→“新建仓库”命令，弹出“新建仓库”对话框，填写相关信息，如图2-1-5所示。

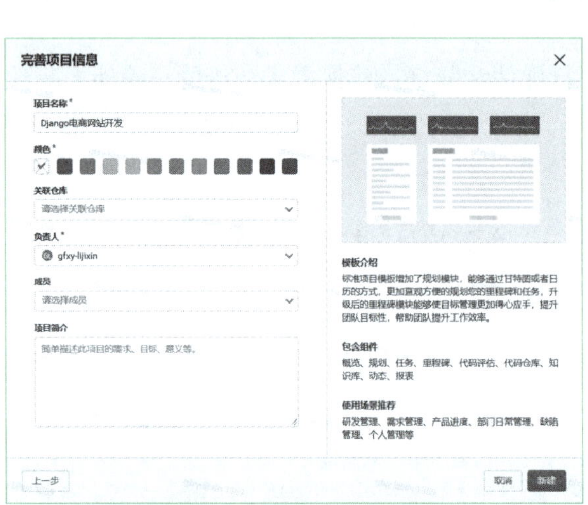

图 2-1-4　完善项目信息

图 2-1-5　“新建仓库”对话框

知识链接

成员关联教师创建的团队，使用教师的账号（详见单元1-任务1）创建团队。

步骤4: 教师在TAPD中创建项目管理。

(1) 登录TAPD，选择“轻量敏捷项目管理”项目模板，输入相关信息，单击“创建”按钮，如图2-1-6所示。

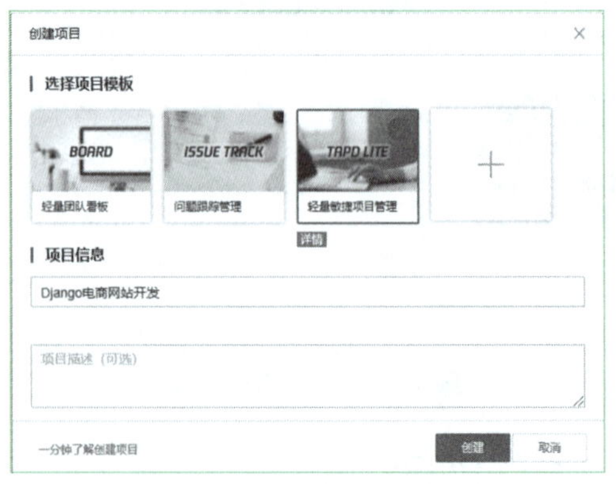

图 2-1-6　创建项目管理

（2）发送邮件邀请学生加入项目管理组织，如图2-1-7所示。

图 2-1-7　邀请学生加入

步骤5：为组员创建项目开发需求。

（1）单击“创建需求”按钮，如图2-1-8所示。

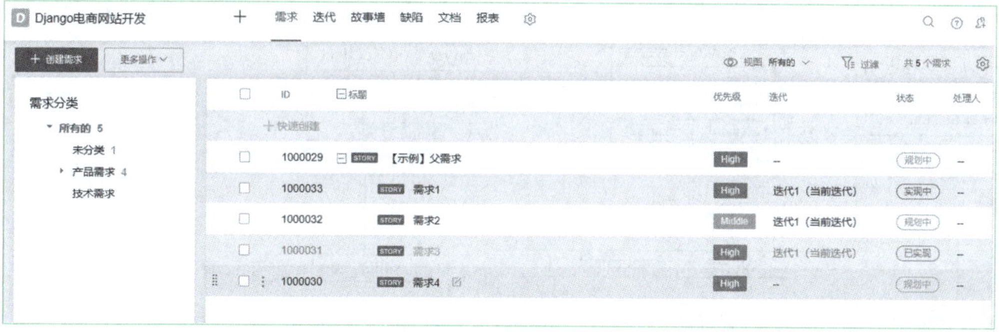

图 2-1-8　创建需求

（2）填写需求，单击“提交”按钮，如图2-1-9所示。

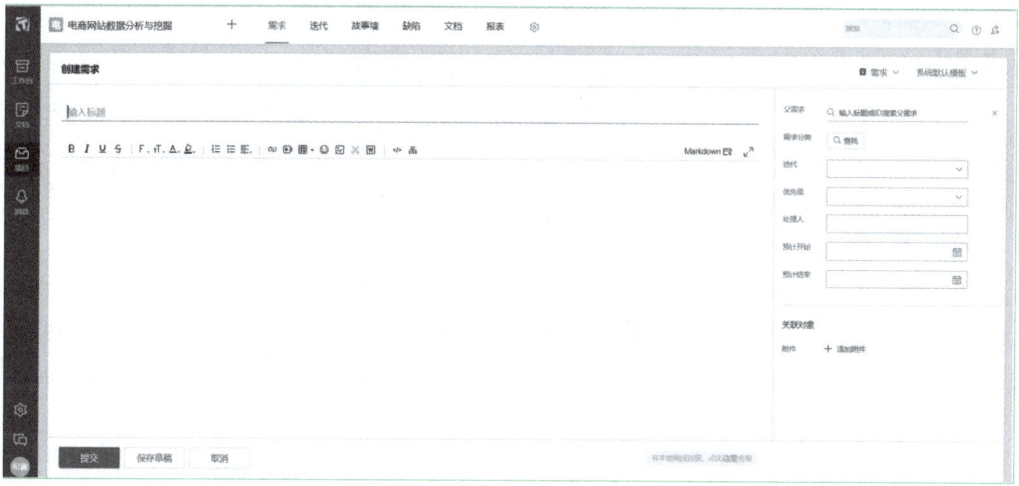

图 2-1-9　提交需求

步骤6： 电商项目的数据表设计。

电商项目的数据表分为卖家模块和买家模块，卖家模块的数据库表有：卖家数据表（seller_seller）、商品类型数据表（seller_type）、商品数据表（seller_goods）和商品图片表（seller_image）。买家模块有：买家数据表（buyer_buyer）、买家收货地址表（buyer_address）、购物车表（buyer_buycar）、订单表（buyer_order）、商品订单表（buyer_ordergoods）、商品评论表（buyer_goodscomments）和商品收藏表（buyer_goodscollect）。

它们之间的表关系如图2-1-10所示。

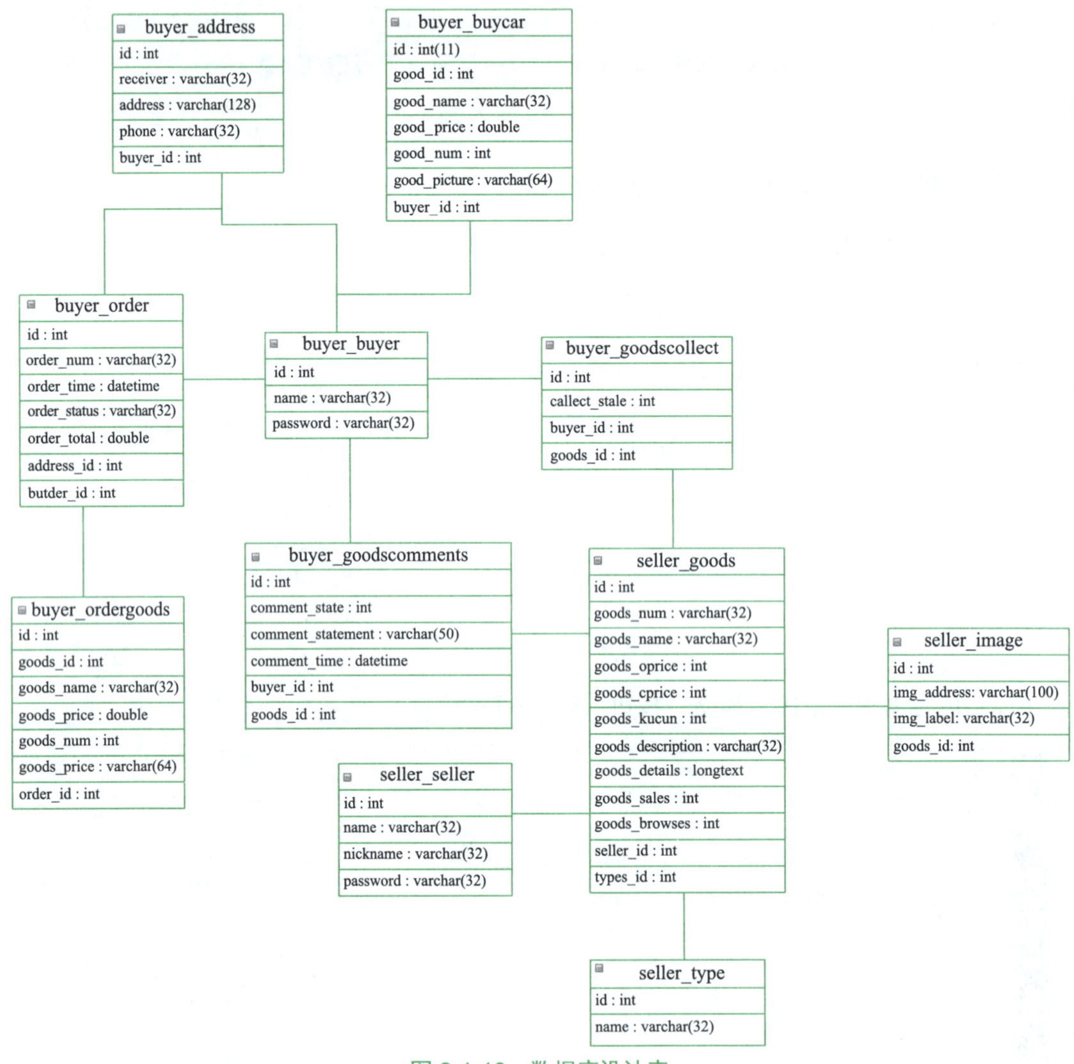

图 2-1-10　数据库设计表

任务考评

【需求分析】考评记录

姓名		完成日期	
序号	考核内容	标准分	评分
1	电商网站的需求分析	20	
2	在码云中创建并加入项目管理组	20	
3	在码云项目管理组中拉取代码仓库到个人中心	20	
4	在TAPD上加入项目管理组	20	
5	数据库表设计	20	
总评分		100	

任务实现心得：

实训任务

实训内容	使用Pull Request交作业
步骤1：将教师创建的仓库复刻（Fork）到码云个人中心。	
步骤2：把Fork到个人中心的项目克隆到本地，如图2-1-11所示。  图 2-1-11　克隆项目	
步骤3：把自己写的任务代码放到本地仓库中，使用Git命令提交到远端仓库。	
步骤4：新建“Pull Request”，方便教师审查代码，如图2-1-12所示。 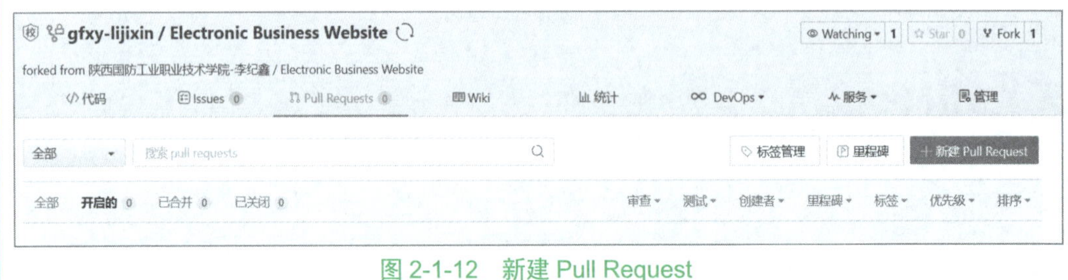 图 2-1-12　新建 Pull Request	

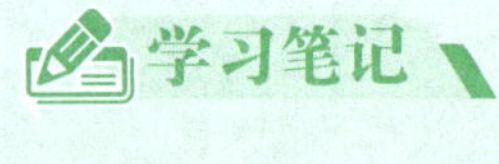

任务2 创建项目

任务描述

情境描述	前期工作基本结束，为了让同学们巩固所学知识及更快地完成该项目，聂老师选择使用Django框架开发该电商网站
任务分解	分析上面的工作情境，将任务分解如下： 1．创建虚拟环境。 2．创建Django项目
任务准备	1．虚拟环境：使用virtualenv创建Django项目所需虚拟环境。 2．创建项目：使用Django命令创建项目。 3．项目开发：使用PyCharm进行项目开发

任务目标

知识目标	1．掌握搭建虚拟环境的方法。 2．掌握创建Django项目的方法
技能目标	1．会使用Git管理代码。 2．会使用virtualenv创建虚拟环境。 3．会使用Django命令创建项目
素养目标	耐心与严谨：在创建虚拟环境和项目的过程中，通过解决诸如环境变量配置错误、依赖包版本错误等问题，提高个人耐心与严谨的作风

任务实现

视　频

项目创建

步骤1： 在TAPD中查看任务，拉取码云上的代码。

（1）登录TAPD，在工作台中查看“我的待办”，单击需求名称“创建Django项目”查看需求，如图2-2-1所示。

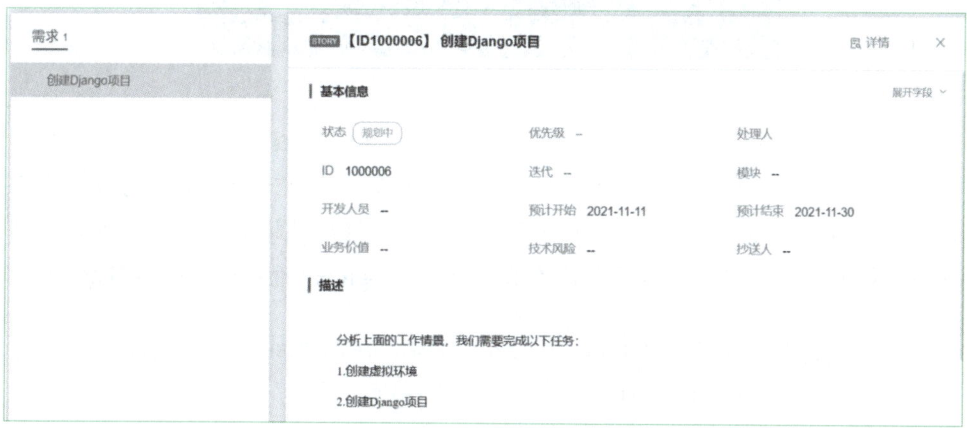

图2-2-1　查看需求任务

（2）将需求的状态从“规划中”改为“实现中”，如图2-2-2所示。

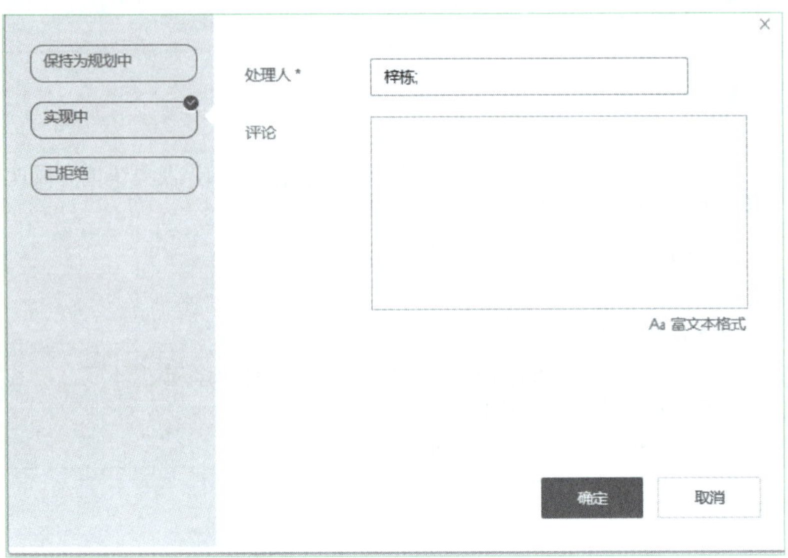

图 2-2-2　修改需求状态

知识链接

拉取代码之前的工作准备：

初始化Git，需要在Git Bash中设置码云昵称和注册码云时的邮箱：

①添加码云昵称（yourname就是设置昵称的位置）：

```
git config --global user.name yourname
```

②添加注册码云时的邮箱：

```
git config --global user.email youremail@xxx.com
```

git配置完毕，进入新建仓库，如图2-2-3所示。

```
tianmo@DESKTOP-2JHU1GL MINGW64 ~/Desktop
$ git config --global user.name zidong

tianmo@DESKTOP-2JHU1GL MINGW64 ~/Desktop
$ git config --global user.email nyyvipmail@163.com
```

图 2-2-3　设置买家账户和邮箱

global 参数选项的作用：

如果在命令中使用了 --global 选项，那么该命令只需要运行一次，因为之后无论在该系统上做任何事情，Git都会使用这些信息。当想针对特定项目使用不同的码云名称与邮件地址时，可以在该项目目录下运行没有 --global 选项的命令进行配置。

（3）在本地计算机上新建Python_project文件夹，在Python_project文件夹中右击，在弹出的快捷菜单中选择Git Bash Here命令，如图2-2-4所示。

图 2-2-4 打开 Git 工具

（4）登录码云打开项目视图，单击仓库地址（见图2-2-5），选择Fork（见图2-2-6），将代码Fork（复制）到个人中心（见图2-2-7），然后克隆到本地，代码拉取成功后，在本地文件夹中显示，如图2-2-8所示。

仓库地址如下：

图 2-2-5 单击仓库地址

图 2-2-6 选择 fork

图 2-2-7　Fork代码到个人中心

图 2-2-8　拉取代码

将代码fork到个人中心，代码如下：

```
git clone https://gitee.com/gfxy-machinelearning/electronic-business-website.git
```

知识链接

virtualenv是一个创建隔绝Python环境的工具。virtualenv创建一个包含所有必要的可执行文件的文件夹，为Python工程提供所需的环境。

简单地说就是一个隔绝的Python环境，不同程序往往需要在不同的环境下开发，每个应用可能需要一套“独立”的运行环境，virtualenv就是为此而生。在虚拟环境中安装依赖包：pip install 包名；删除依赖包：pip uninstall 包名；修改依赖包：pip install 包名==版本号。

步骤2： 使用virtualenv创建虚拟环境。

（1）按【Windows+R】组合键，弹出“运行”对话框，输入“cmd”，按【Enter】键，打开命令行窗口，输入命令安装virtualenv包，如图2-2-9所示，命令如下：

```
pip install virtualenv
```

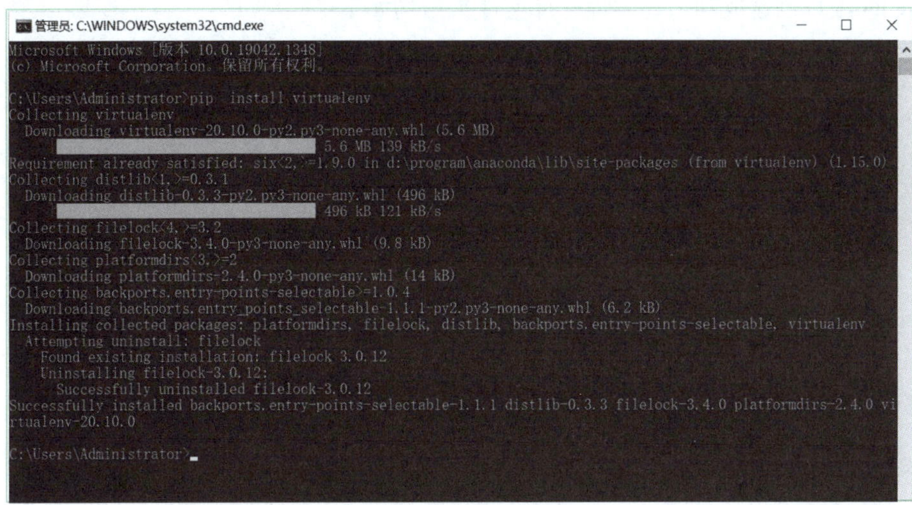

图 2-2-9 安装 virtualenv

（2）在Python_project文件夹的地址栏中输入“cmd”打开命令行窗口，输入virtualenv projectenv创建虚拟环境，打开activate.bat文件激活虚拟环境，如图2-2-10所示。

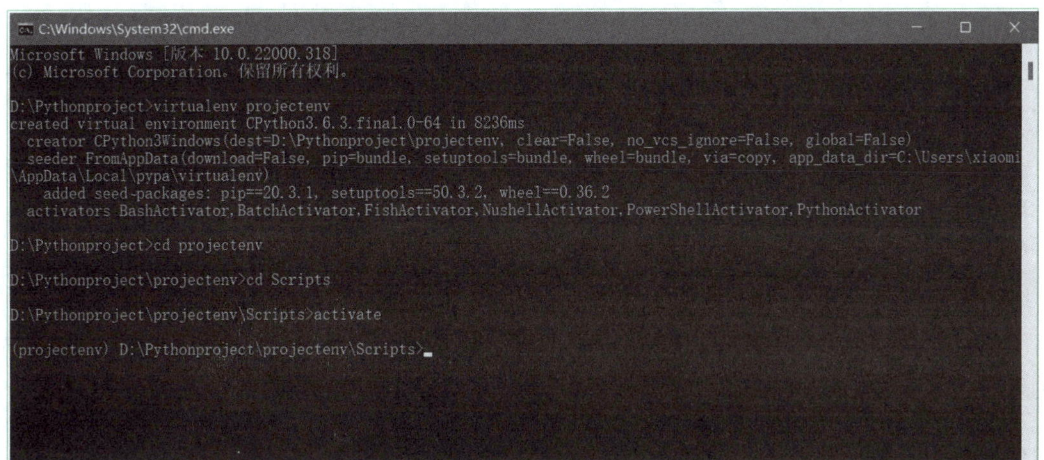

图 2-2-10 创建虚拟环境

（3）安装Django、pymysql和pillow包，命令如下：

```
pip install Django=2.1.2
pip install pymysql
pip install pillow
```

步骤3： 创建Django项目。

打开命令行窗口，进入到从码云所拉取的本地代码库中，使用命令创建Django项目，命令如下：

```
Django-admin startproject electronicbusinesswebsite
```

Django项目创建成功后，本地仓库文件夹结构如下：

```
D:.
│  README.en.md
│  README.md
│
├─.gitee
│      ISSUE_TEMPLATE.zh-CN.md
│      PULL_REQUEST_TEMPLATE.zh-CN.md
│
└─electronicbusinesswebsite
    │  manage.py
    │
    └─electronicbusinesswebsite
            settings.py
            urls.py
            wsgi.py
            __init__.py
```

知识链接

Django提供了一个高级的框架，用它只需要很少的代码即可完成一个Web应用。这种轻盈、强大、灵活的框架会让用户在设计方案时无须太多考量。Django是以Python写成，Python是一门面向对象的应用程序开发语言，它同时兼具系统语言（如C/C++和Java）的强大和脚本语言（如Ruby和Visual Basic）的灵活迅速。

Django是基于MVC（Model-View-Controller）模式的框架，虽然也有人称其为MTV模式，但是概念大同小异。用户只需知道，无论它是MVC模式还是MTV模式，最终目的都是解耦，即把一个软件系统划分为一层一层的结构，让每一层的逻辑更加纯粹，便于开发人员维护。

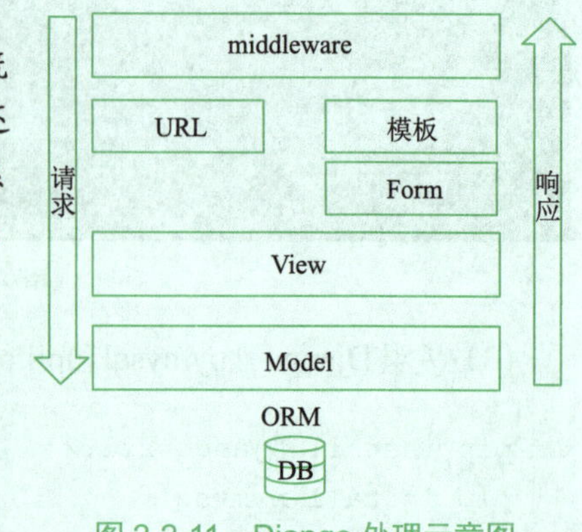

图 2-2-11　Django 处理示意图

图2-2-11所示为一次请求的Django处理示意图，从中可以直观了解到Django提供了哪些模块以及各个模块所处的位置。

从大的划分上来说，Django分出了如下几部分：Model层、View层、模板层和Form模块。剩下的部分都是功能文档，比如Pagination（分页模块）和Caching（缓存模块）等，这些是可以贯穿所有层的模块。

1. Model部分

Model在整个项目结构中是直接同数据库打交道的一层，所以这一层主要做数据处理部分。在业务开发中，关于纯数据操作的部分，建议都放到这一层来做，常用属性如下：

①Models：模型定义相关的使用说明、字段类型、meta配置。

②QuerySets：查看数据。在Model的基础上如何自定义查询（ORM在查询上会有一些限制）：有哪些接口可以使用（如all和filter等），以及如何进一步定制查询。

③Model instances：Model的实例（一个实例可以理解为表中的一条记录），该实例有哪些操作、如何修改表的数据等。

④Migrations：表结构调整。在开发阶段，用户可能会不断调整表的结构，这部分就是提供用来做表结构调整的。

⑤Advanced：高级部分。这里涉及如何自定义Manager（也就是常用的Model.objects.all中的objects），以及使用原生SQL。另外，还有一些关于事务、聚合、搜索以及多数据库支持等关于Model层的需求。

⑥Other：其他。可以使用Legacy databases（遗留数据库），当需要把遗留的CMS项目改成Django框架，可以直接根据该项目的数据库生成Model。

2. View部分

在View中，侧重点在业务上：通过获取、过滤和整合数据，拿到用户想要的结果，然后传递到模板中，最终通过HttpResponse渲染出来。View包含了URL配置、HTTP Request、HTTP Response以及处理请求的view函数和类级的view 等：

①The basics：包含URL配置、view方法以及常用装饰器，比如想给这个接口增加缓存或者增加限制（只允许GET请求）等。

②Reference：一些参考，包含内置的view（如静态文件处理和404页面处理等），Request和Response对象介绍，TemplateResponse对象介绍。

③File uploads：文件上传，它是Web开发中常遇到的场景。view提供了一些内置的模块处理上传的文件，或自定义后端存储。

④Class-based views：这部分可以理解为更复杂的view函数，只不过这里介绍的是类，通过类可以提供更好的复用，从而避免写很多代码。当发现自己的view中有太多业务代码时，可以考虑参考这部分内容把代码改造为class-based views（简称CBV）。如果自己的代码中有很多类似的view函数，也可以考虑这么做。这部分文档就是告诉用户，在Django中如何更好地构建和复用View。

⑤Advanced：更高级的部分，提供将数据导出为CSV或者PDF格式（“更高级”是因为用得少）的方法。

⑥Middleware：中间件（中间层），其作用于WSGI（或者socket连接）和View之间，在 Django中，安全、session、整站缓存的内容都在这一块。

3. Template部分

它提供的语法很简单，即便用户不懂编程，也可以很容易学习和使用。

①The basics：这部分介绍了Django模板的基本配置以及基本的模板语法，还有如何使用其他模板引擎（如Jinja2）的配置。

②For designers：这部分面向的是设计师，里面包含基础的控制语句、注释、内置的过滤器和标签，还有针对买家友好数字的展示。

③For programmers：这部分包含如何将数据传递到模板中，如何配置模板以便能够在View中更好地渲染模板，还有如何对现有模板所提供的简单功能做更多的定制。

4. Form部分

无论是对于传统的、需要通过Form提交数据的页面，还是通过Ajax的方式提交数据到后端，Form都是非常好用的，因为它可以帮用户比较优雅地处理和校验来自外部的数据。它的工作原理与ORM相似，它是对HTML中 Form表单的抽象，可以方便用户使用Python代码直接操作页面传递过来的数据。

①The basics：基础的API介绍，里面有类似于Model的Field 部分，还有组件（widget）的部分。

②Advanced：更丰富的用法，包括如何把Form同 Model结合，如何把静态资源渲染到页面上，以及如何布局字段（一行展示一个还是一行展示多个）。

此外，还有更加详细、深入的部分，那就是如何定义字段级别的验证功能，比如页面上只允许输入数字的地方如何验证。

Django开发模块有6个：

①Settings：Django配置项。举个简单的例子，若系统出现异常时需要它自动发送邮件告警，只需要配置几个参数即可。

②Applications：在 Django中，用户需要把业务拆分成不同的App来开发，那么这里告诉用户如何管理这些App，如何在程序运行时获取到哪些App，每个App的信息是什么等。

③Exceptions：这一部分列举了Django中常用异常的定义，在什么情况下会出现异常。

④Django-admin and manage.py：这部分详细介绍了Django-admin和manage.py的使用方式以及它们有哪些功能，比如最常用的runserver和migrate等。

⑤Testing：单元测试是开发过程中的重要一环，它可以帮助用户编写更稳定的代码，避免开发中的一些问题。在 Django中编写TestCase是相对容易的事，因为只需要根据它封装好的结构编写代码即可。

⑥Deployment：这一部分主要包含项目上线、部署、为用户提供服务。它详细讲解了如何通过WSGI 结合其他程序来部署应用、如何配置静态文件、如何收集线上的异常等。

Django-admin是Django的一个命令行管理工具，用以对Django项目执行某些命令操作的。常见的Django-admin命令如下：

创建项目：

```
python manage.py  startproject  项目名
```

创建应用：

```
python manage.py  startapp  项目名
```

启动项目：

```
python manage.py  runserver
```

步骤4： 使用PyCharm打开项目。

打开PyCharm，单击Open按钮，选择Pythonproject文件夹，选择路径，单击OK按钮打开项目，如图2-2-12所示。

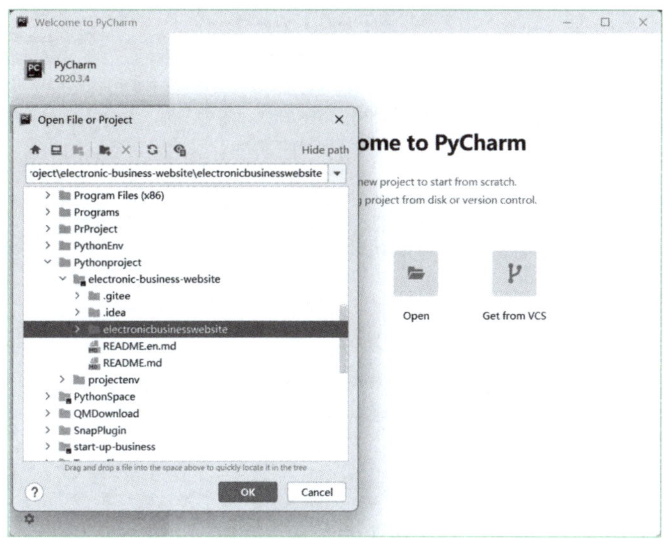

图 2-2-12 选择项目路径

步骤5： 把项目环境改成创建好的虚拟环境。

（1）在PyCharm中，选择File→Settings命令，弹出Settings对话框，选择Project: electronicbusinessweb→Python Interpreter选项，在Python Interpreter下拉列表中选择Show All选项，如图2-2-13所示。

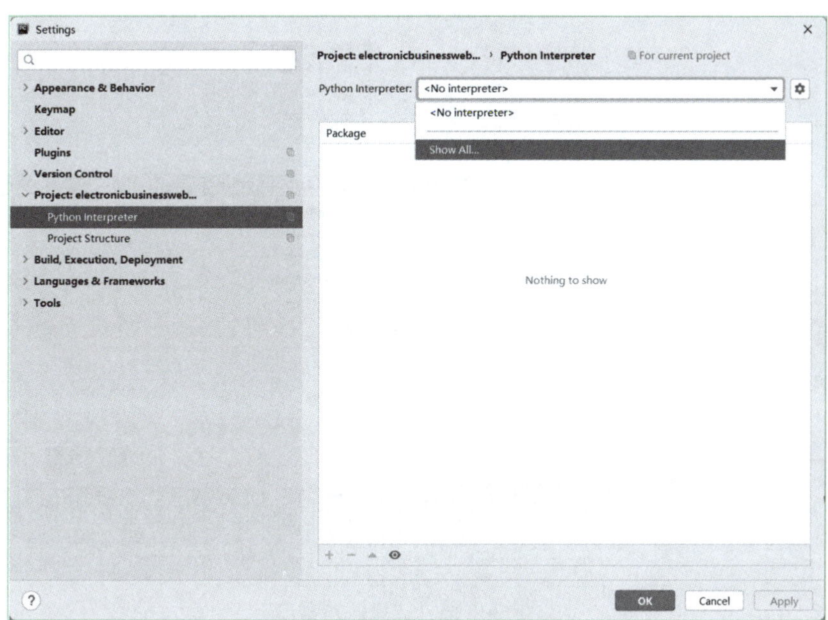

图 2-2-13 打开解释器设置界面

（2）单击左下角的“加号”按钮，进入添加Python解释器窗口，如图2-2-14所示。

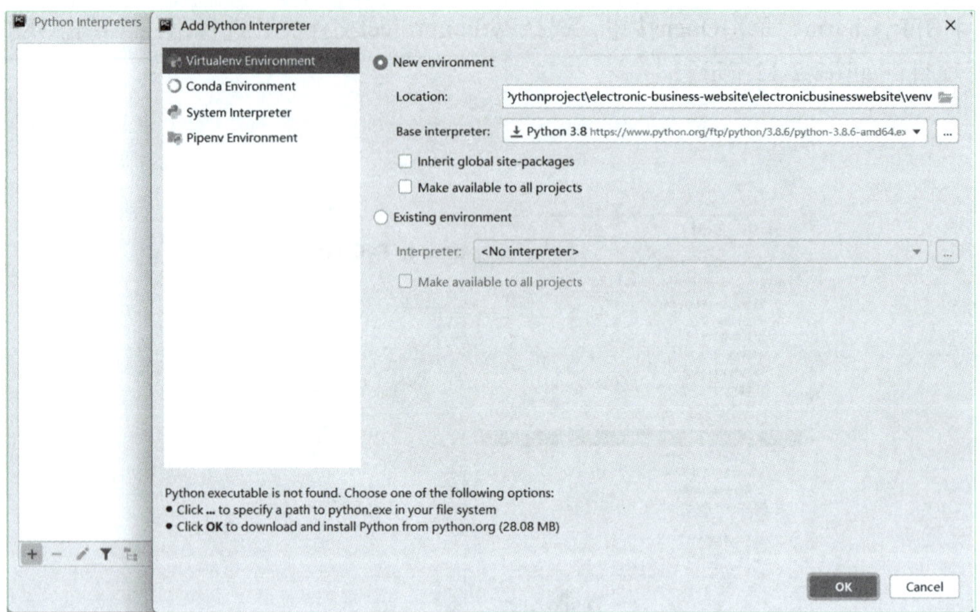

图 2-2-14　添加解释器

（3）选中Existing environment单选按钮，单击右边的“浏览”按钮，选择之前创建的虚拟环境，单击OK按钮，如图2-2-15所示。

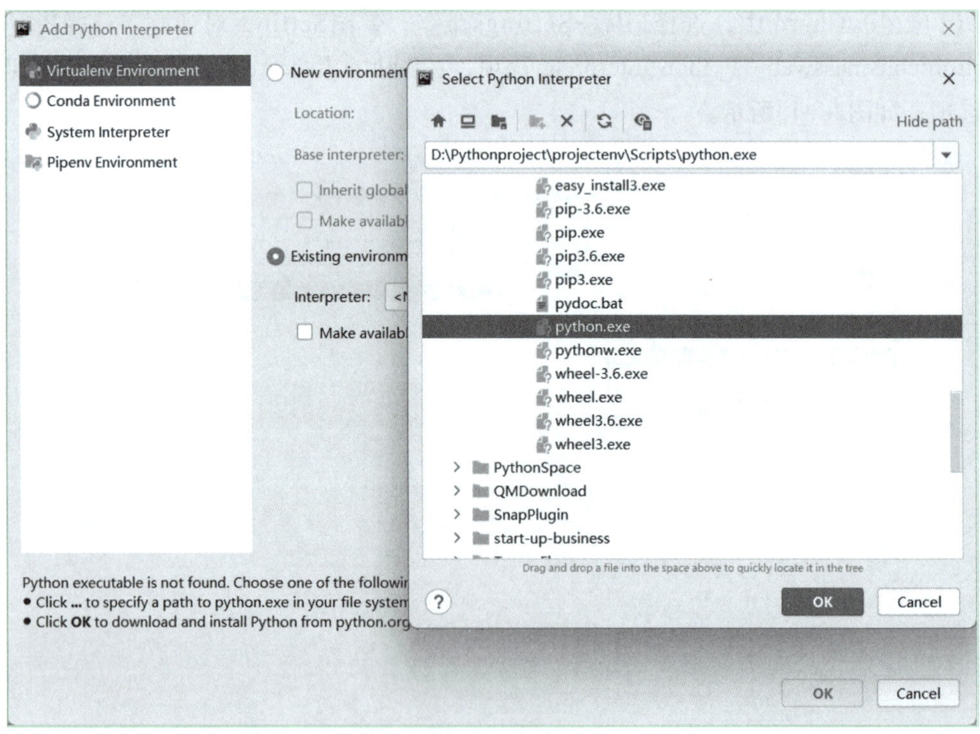

图 2-2-15　选择解释器

步骤6： 在TAPD中提交任务，使用Git提交代码。

（1）打开TAPD，修改状态为已实现，等待老师检查任务完成情况，如图2-2-16所示。

图 2-2-16　提交任务

（2）使用Git命令提交代码到码云仓库，代码如下：

```
git add .
git commit -m "创建项目"
git push orgin master
```

（3）新建Pull Request，方便老师审查代码。

任务考评

【创建项目】考评记录

姓名		完成日期	
序号	考核内容	标准分	评分
1	在TAPD中查看任务和拉取代码	10	
2	成功创建虚拟环境	30	
3	成功创建项目	20	
4	使用PyCharm成功打开项目	20	
5	成功修改PyCharm的Python环境	10	
6	成功提交任务和代码	10	
总评分		100	

任务实现心得：

实训内容	使用PyCharm创建虚拟环境

步骤1：打开PyCharm解释器页面。

在PyCharm中，选择File→Settings命令，弹出Settings对话框，选择Project electronicbusinessweb→Python Interpreter选项，打开解释器设置界面，如图2-2-17所示。

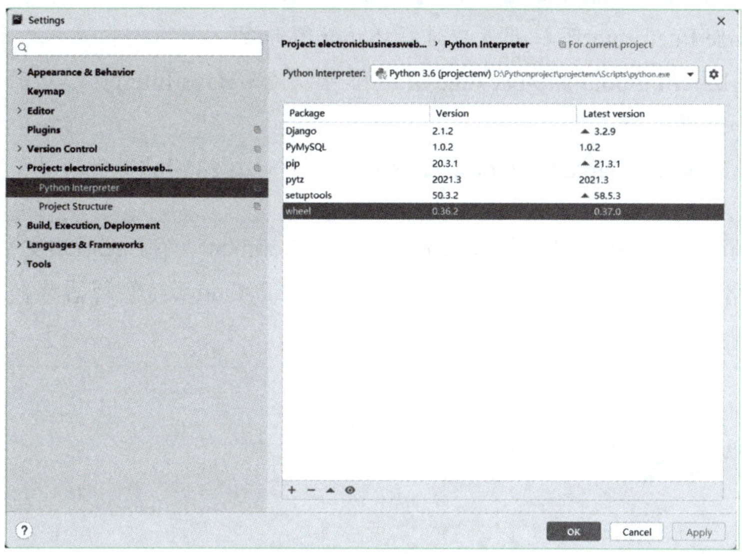

图 2-2-17　打开解释器设置界面

步骤2：打开创建虚拟环境的页面。

单击Python Interpreter下拉列表框右侧的⚙按钮，选择Add选项，弹出Add Python Interpreter对话框，如图2-2-18所示。

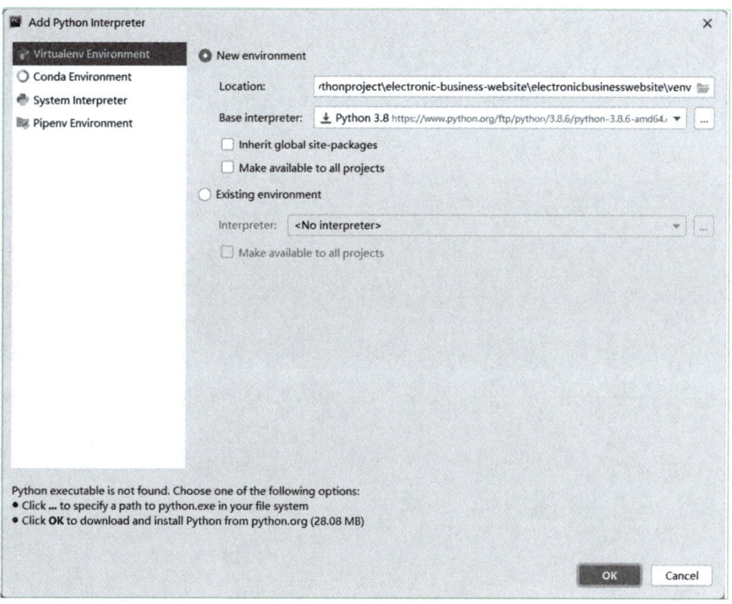

图 2-2-18　添加新解释器

知识链接

在创建虚拟环境页面有以下几个关键名称：

①在Location文本框中填写新虚拟环境的名字，或者使用默认名字，方便以后安装第三方包和其他项目使用。

②在Location文本框中填写新环境的文件目录。

③在Base Interpreter下拉列表中选择Python解释器。

④勾选Inherit global site-packages复选框可以使用Base Interpreter中的第三方库，不勾选将和外界完全隔离。

⑤勾选Make available to all projects复选框可将此虚拟环境提供给其他项目使用。

步骤3：选择Virtualenv Environment→new environment，在Location文本框中输入或选择文件夹路径，在Base Interpreter下拉列表中选择Python系统解释器路径，单击OK按钮，成功创建虚拟环境。

学习笔记

单元 3 卖家模块开发

该电商网站一期共开发两个模块：卖家模块和买家模块。本单元进行卖家模块的开发，该模块的主要功能有卖家登录注册、卖家后台首页、商品类型增删改查和商品的增删改查。

通过学习本单元内容，使学生掌握 Django 三大系统开发知识，培养学生创建模型类和 ORM 操作的能力。

任务 1 卖家登录注册与后台主页

任务描述

情境描述	根据划分的功能，聂老师决定让学生A、学生B和学生C一起开发登录注册和主界面的功能。 网站的登录注册功能方便积累用户黏度，保持用户的可追踪性，方便信息挖掘。主界面需要突出风格特点，做到吸引买家，使买家印象深刻等
任务分解	分析上面的工作情境，将任务分解如下： 1. 创建Seller应用并配置相关参数。 2. 卖家注册功能开发。 3. 卖家登录功能开发。 4. 卖家登出功能开发。 5. 后台主页功能开发
任务准备	1. 掌握Django的MVC模型的以下知识： （1）模板系统：常用符号{{}}和{%%}、变量和过滤器等。 （2）路由系统：路由匹配的方式，比如正则匹配和分组命名匹配、反向代理等。 （3）视图系统：FBV原理、请求对象和响应对象等。 2. 了解数据库相关知识

任务目标

知识目标	1. 掌握Django的MTV开发模式。 2. 掌握Django定义模型类的方法

技能目标	1. 会使用session保存用户密码。 2. 会使用MD5加密用户密码。 3. 会使用视图FBV开发项目
素养目标	耐心与严谨：在配置MySQL数据库参数时容易出错，务必细心配置数据参数，在开发过程中需要认真阅读需求文档

视　频

卖家登录模块开发

任务实现

步骤1： 在TAPD中查看任务，从码云仓库拉取代码。

拉取卖家模块所有前端代码和静态文件，命令如下：

```
git clone https://gitee.com/zidong-coder/e-commerce-website
```

从码云远端仓库拉取的代码结构如下：

```
e-commerce-website:.
 |   README.en.md
 |   README.md
 |
 ├──static
 |   ├──buyer
 |   |   ├──css
 |   |   |       index.css
 |   |   |
 |   |   ├──images
 |   |   |       banner1.jpg
 |   |   |       f.png
 |   |   |       huiyuan.png
 |   |   |       logo3668.jpg
 |   |   |       r.png
 |   |   |       register003.png
 |   |   |
 |   |   └──jq
 |   |           jquery.min.js
 |   |
 |   └──seller
 |       ├──css
 |       |       font.css
 |       |       xadmin.css
 |       |
 |       ├──fonts
 |       |       iconfont.eot
 |       |       iconfont.svg
```

```
|       |       iconfont.ttf
|       |       iconfont.woff
|       |
|       ├─images
|       |       aiwrap.png
|       |       Apple MacBook Pro_0.jpg
|       |       bg.png
|       |       OPPO Reno6Pro_0.png
|       |       华为 Matebook XPro 2021 款_0.png
|       |       苹果 iPhone 13_0.png
|       |
|       ├─js
|       |       jquery.min.js
|       |       xadmin.js
|       |       xcity.js
|       |
|       └─lib
|           └─layui
|               |   layui.all.js
|               |   layui.js
|               |
|               ├─css
|               |   |   layui.css
|               |   |   layui.mobile.css
|               |   |
|               |   └─modules
|               |       |   code.css
|               |       |
|               |       ├─laydate
|               |       |   └─default
|               |       |           laydate.css
|               |       |
|               |       └─layer
|               |           └─default
|               |                   icon-ext.png
|               |                   icon.png
|               |                   layer.css
|               |                   loading-0.gif
|               |                   loading-1.gif
|               |                   loading-2.gif
|               |
|               └─lay
|                   └─modules
```

```
|                        carousel.js
|                        code.js
|                        element.js
|                        flow.js
|                        form.js
|                        jquery.js
|                        laydate.js
|                        layedit.js
|                        layer.js
|                        laypage.js
|                        laytpl.js
|                        mobile.js
|                        table.js
|                        tree.js
|                        upload.js
|                        util.js
|
└──templates
    ├──Buyer
    |       additional_comments.html
    |       address_add.html
    |       address_change.html
    |       address_list.html
    |       base.html
    |       car_jump.html
    |       car_list.html
    |       enter_order.html
    |       goods_collect_comments.html
    |       goods_details.html
    |       goods_list.html
    |       history_collect_list.html
    |       index.html
    |       login.html
    |       my_collect_list.html
    |       my_comments_list.html
    |       my_order.html
    |       register.html
    |       register_mail.html
    |       register_plone.html
    |
    └──Seller
            base.html
            goods_add.html
```

```
          good_change.html
          good_list.html
          index.html
          login.html
          register.html
          type_add.html
          type_change.html
          type_list.html
```

步骤2: 创建Seller应用。

在项目文件夹中打开命令行，使用命令创建应用，代码如下：

```
python manage.py startapp Seller
```

Seller应用创建成功后，项目文件结构如下：

```
Seller:.
│  manage.py
├─electronicbusinesswebsite
│  │  settings.py
│  │  urls.py
│  │  wsgi.py
│  │  __init__.py
│  │
│  └─__pycache__
│          settings.cpython-36.pyc
│          __init__.cpython-36.pyc
└─Seller
   │  admin.py
   │  apps.py
   │  models.py
   │  tests.py
   │  views.py
   │  __init__.py
   │
   └─migrations
           __init__.py
```

步骤3: 在settings.py中注册Seller应用。

打开settings.py，定位到第33行，在INSTALLED_APPS的最后一行添加'Seller.apps.SellerConfig'。

步骤4: 创建templates文件夹并添加前端文件。

（1）在Seller下面创建templates文件夹用来存放模板文件。在Settings.py第57行添加

templates文件夹路径。

```
'DIRS': [os.path.join(BASE_DIR, 'templates')]
```

（2）在拉取的代码中，将属于templates/seller的前端代码添加到Seller/templates项目中，添加后Seller应用文件结构如下：

```
Seller:.
│   admin.py
│   apps.py
│   models.py
│   tests.py
│   views.py
│   __init__.py
│
├─migrations
│       __init__.py
│
└─templates
        base.html
        goods_add.html
        good_change.html
        good_list.html
        index.html
        login.html
        register.html
        type_add.html
        type_change.html
        type_list.html
```

步骤5: 创建static文件夹并添加静态文件。

（1）在Seller下面创建static文件夹存放Seller应用的文件。在Settings.py中第130行添加static文件夹路径。

```
STATICFILES_DIRS = [
    os.path.join(BASE_DIR, 'static')
]
```

（2）将从码云拉取的e-commerce-website/static/seller中的静态文件添加到Seller/static，添加完后Seller应用的文件结构如下：

```
Seller:.
│   admin.py
│   apps.py
│   models.py
```

```
│   tests.py
│   urls.py
│   views.py
│   __init__.py
│
├─migrations
│  │  __init__.py
│
├─static
│  └─seller
│      ├─css
│      │      font.css
│      │      xadmin.css
│      │
│      ├─fonts
│      │      iconfont.eot
│      │      iconfont.svg
│      │      iconfont.ttf
│      │      iconfont.woff
│      │
│      ├─images
│      │      Apple MacBook Pro_0.jpg
│      │      aiwrap.png
│      │      bg.png
│      │      OPPO Reno6Pro_0.png
│      │      华为 Matebook XPro 2021 款 _0.png
│      │      苹果 iPhone 13_0.png
│      │
│      ├─js
│      │      jquery.min.js
│      │      xadmin.js
│      │      xcity.js
│      │
│      └─lib
│          └─layui
│              │  layui.all.js
│              │  layui.js
│              │
│              ├─css
│              │  │  layui.css
│              │  │  layui.mobile.css
│              │  │
│              │  └─modules
│              │      │  code.css
```

```
│                │       │
│                │       ├─laydate
│                │       │  └─default
│                │       │          laydate.css
│                │       │
│                │       └─layer
│                │           └─default
│                │                   icon-ext.png
│                │                   icon.png
│                │                   layer.css
│                │                   loading-0.gif
│                │                   loading-1.gif
│                │                   loading-2.gif
│                │
│                └─lay
│                    └─modules
│                            carousel.js
│                            code.js
│                            element.js
│                            flow.js
│                            form.js
│                            jquery.js
│                            laydate.js
│                            layedit.js
│                            layer.js
│                            laypage.js
│                            laytpl.js
│                            mobile.js
│                            table.js
│                            tree.js
│                            upload.js
│                            util.js
│
├─templates
│  └─seller
│          base.html
│          goods_add.html
│          good_change.html
│          good_list.html
│          index.html
│          login.html
│          register.html
│          type_add.html
│          type_change.html
│          type_list.html
```

步骤6: 配置MySQL数据库。

(1) 在Django工程同名子目录的init.py文件中添加如下语句。

```
import pymysql
pymysql.install_as_MySQLdb()
```

知识链接

init.py添加上述代码的作用是让Django的ORM能以mysqldb的方式调用PyMySQL。

(2) 使用可视化工具HeidiSQL创建名为 business的数据库。

(3) 修改Seting.py中第76行数据库的配置，代码如下：

```
DATABASES = {
    'default': {
        'ENGINE': 'django.db.backends.mysql',
        'NAME': 'business',
        'USER': 'root',
        'PASSWORD': '123',
        'HOST': '127.0.0.1',
        'PORT': '3306',
    }
}
```

步骤7: MySQL数据库迁移。

(1) 在卖家的Seller/model.py中创建模型类，代码如下：

```
from django.db import models
import PIL
# 卖家数据模型（注册使用）
class Seller(models.Model):
    id = models.AutoField(primary_key=True)
    name = models.CharField(max_length=32)             # 买家账户
    nickname = models.CharField(max_length=32)         # 昵称
    password = models.CharField(max_length=32)         # 密码

# 商品类型数据模型
class Type(models.Model):
    id = models.AutoField(primary_key=True)
    name = models.CharField(max_length=32)            # 类型名称

# 商品数据模型
class Goods(models.Model):
```

```
    goods_num = models.CharField(max_length=32)             # 商品编号
    goods_name = models.CharField(max_length=32)            # 商品名称
    goods_oprice = models.IntegerField()                    # 商品原价
    goods_cprice = models.IntegerField()                    # 商品现价
    goods_kucun = models.IntegerField()                     # 商品库存
    goods_description = models.CharField(max_length=32)     # 商品描述
    goods_details = models.TextField()                      # 商品详情
    goods_sales = models.IntegerField()                     # 商品销量
    goods_browses = models.IntegerField(default=0)          # 商品浏览量
    types = models.ForeignKey(to='Type', on_delete=models.CASCADE)
                                          # 商品和类型是一对多关系
    seller = models.ForeignKey(to='Seller', on_delete=models.CASCADE)
                                          # 商品和卖家是一对多关系

    def __str__(self):
        return "<Goods object:{}-{}-{}-{}-{}-{}-{}-{}-{}-{}>".format(
            self.pk, self.goods_num, self.goods_name, self.goods_oprice, self.
goods_cprice, self.goods_kucun, self.goods_description, self.goods_details, self.
goods_sales, self.goods_browses)

# 图片数据模型
class Image(models.Model):
    img_address = models.ImageField()   # 图片路径会将路径封装成一个对象，需要
使用模块 Pillow，Python 3.6 后使用 PIL 模块
    img_label = models.CharField(max_length=32)             # 图片名称
    goods = models.ForeignKey(to='Goods', on_delete=models.CASCADE)
                                          # 商品和图片一对多关系
```

知识链接

模型类如果未指明表名，Django默认以小写“app应用名_模型类名”为数据库表名。可通过db_table指明数据库表名。

①关于主键：

Django会为表创建自动增长的主键列，每个模型只能有一个主键列，如果使用选项设置某属性为主键列后Django不会再创建自动增长的主键列。

默认创建的主键列属性为id，可以使用pk代替，pk即primary key。

②属性命名限制：

不能是Python的保留关键字。

不允许使用连续的下划线，这是由Django的查询方式决定的。

定义属性时需要指定字段类型，通过字段类型的参数指定选项，语法如下：

```
属性=models.字段类型(选项)
```

③字段类型：

字段类型及说明见表3-1-1。

表3-1-1　字段类型及说明

类型	说　明
AutoField	自动增长的IntegerField，通常不用指定，不指定时Django会自动创建属性名为id的自动增长属性
BooleanField	布尔字段，值为True或False
NullBooleanField	支持Null、True、False三种值
CharField	字符串，参数max_length表示最大字符个数
TextField	大文本字段，一般超过4 000个字符时使用
IntegerField	整数
DecimalField	十进制浮点数，参数max_digits表示总位数，参数decimal_places表示小数位数
FloatField	浮点数
DateField	日期，参数auto_now表示每次保存对象时，自动设置该字段为当前时间，用于“最后一次修改”的时间戳，它总是使用当前日期，默认值为False；参数auto_now_add表示当对象第一次被创建时自动设置当前时间，用于创建的时间戳，它总是使用当前日期，默认值为False; 参数auto_now_add和auto_now是相互排斥的，组合将会发生错误
TimeField	时间，参数同DateField
DateTimeField	日期时间，参数同DateField
FileField	上传文件字段
ImageField	继承于FileField，对上传的内容进行校验，确保是有效的图片

④ 字段选项：

字段选项及说明见表3-1-2。

表3-1-2　字段选项及说明

选项	说　明
null	如果为True，表示允许为空，默认值为False
blank	如果为True，表示允许为空，默认值为False
db_column	字段的名称，如果未指定，则使用属性的名称
db_index	若值为True，则在表中会为此字段创建索引，默认值为False
default	默认
primary_key	若为True，则该字段会成为模型的主键字段，默认值为False，一般作为AutoField的选项使用
unique	如果为True，这个字段在表中必须有唯一值，默认值为False
null	是数据库范畴的概念
blank	是表单验证范畴的概念

⑤ 外键：

在设置外键时，需要通过on_delete选项指明主表删除数据时对于外键引用表数据的处理方式，在django.db.models中包含了可选常量：

- CASCADE级联，删除主表数据时连同一起删除外键表中数据。
- PROTECT保护，通过抛出ProtectedError异常，阻止删除主表中被外键应用的数据。
- SET_NULL设置为NULL，仅在该字段null=True允许为null时可用。
- SET_DEFAULT设置为默认值，仅在该字段设置了默认值时可用。
- SET()设置为特定值或者调用特定方法。
- DO_NOTHING不做任何操作，如果数据库前置指明级联性，此选项会抛出IntegrityError异常。

（2）同步数据库，命令如下：

```
Python mange.py makemigrations
Python mange.py migrate
```

步骤8: 卖家注册功能开发。

（1）在electronicbusinesswebsite/urls.py中添加卖家的子路由，代码如下：

```
path('Seller/', include("Seller.urls"))
```

全部代码如下：

```
from django.contrib import admin
from django.urls import path,include

urlpatterns = [
    path('Seller/', include("Seller.urls"))
]
```

（2）在Seller/views.py中创建视图函数register()，代码如下：

```
def register(request):
    pass
```

（3）在Seller应用中新建一个urls.py文件。

（4）在Seller/urls.py文件中添加注册路由（register），代码如下：

```
from django.urls import path
from Seller import views
urlpatterns = [
    path('register/', views.register),
]
```

（5）根据图3-1-1所示的流程图，完善卖家注册视图函数功能。

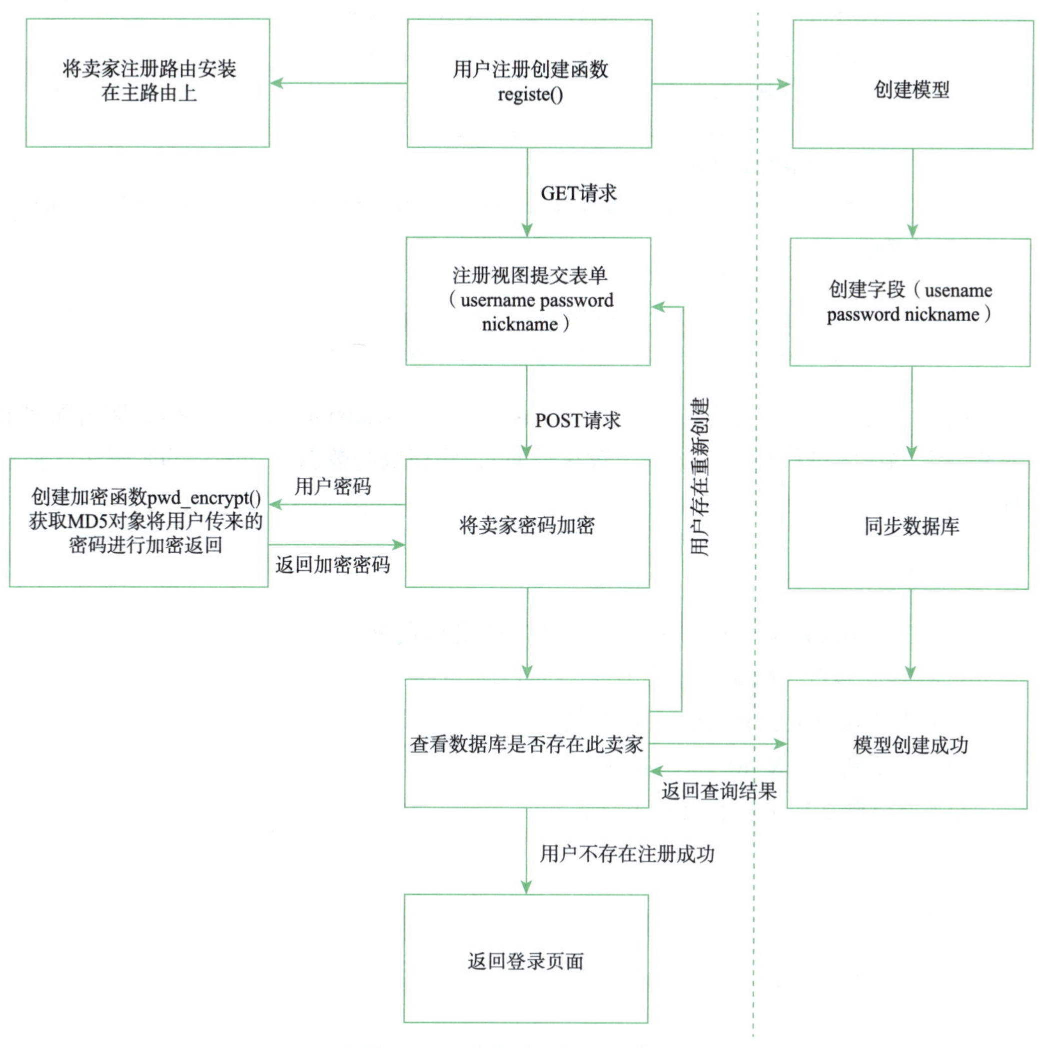

图 3-1-1　卖家注册视图流程图

①创建加密函数，主要作用是对密码进行加密，代码如下：

```
def pwd_encrypt(password):
    md5 = hashlib.md5()          # 获取 md5 对象
    # 进行更新，注意需要使用字符串的二进制格式（进行加密操作）
    md5.update(password.encode())
    result = md5.hexdigest()  # 获取加密后的内容
    return result
```

②完善卖家注册函数功能，代码如下：

```
def register(request):
    if request.method == 'POST':
        # 1. 获取表单提交过来的内容
```

```
        username = request.POST.get('username')
        nickname = request.POST.get('nickname')
        password = request.POST.get('password')
        # 2.对密码进行加密
        password = pwd_encrypt(password)
        # 3.保存到数据库
        models.Seller.objects.create(name=username, nickname=nickname,
password=password)
        # 4.重定向到登录界面
        return redirect('/Seller/login/')
    return render(request, 'seller/register.html')
```

在函数中获取表单中提交过来的内容（username，nickname，password），调用加密函数对获取到的内容进行加密（加密函数在后面），将获取的数据与加密后的密码保存到数据库中。

知识链接

（1）Django框架又称MTV框架。在MTV开发模式中：

①M代表模型（Model），即数据存取层。

②T代表模板（Template），即表现层。

③V代表视图（View），即业务逻辑层。

（2）能够创建路由和相应的函数。

例如：

```
urlpatterns = [
    """
    url('正则表达式',对应的动作),
    """
]
```

Urlpatterns：所有的url配置项都定义在urlpatterns列表中。

Url：每个配置项都会调用url()函数，第一个参数是正则表达式，第二个参数是对应的处理动作，可以写一个视图函数的名字。

正则表达式：和url字符串进行正则匹配，匹配成功则执行其后相应的处理动作。

（6）卖家注册的register.html前端页面代码如下：

```
{% load static %}
<!doctype html>
<html lang="en">
<head>
    <meta charset="UTF-8">
    <title>全球生鲜卖家管理后台页面</title>
```

```
        <link rel="shortcut icon" href="/favicon.ico" type="image/x-icon"/>
        <link rel="stylesheet" href="{% static 'seller/css/font.css' %}">
        <link rel="stylesheet" href="{% static 'seller/css/xadmin.css' %}">

    </head>
    <body class="login-bg">
    <div class="login layui-anim layui-anim-up">
        <div class="message">全球生鲜卖家管理后台页面</div>
        <div id="darkbannerwrap"></div>

        <!-- 填充form表单 -->
        <!-- 1.创建一个form标签，用来提交请求参数
            自己补全属性：method
            给出属性：class="layui-form"
         -->
        <form method="post" class="layui-form">
            <!-- 2.书写伪装提交请求功能的代码 -->
            {% csrf_token %}
            <!-- 3.创建一个input标签，用来输入用户名
                自己补全属性：name、placeholder、type
                给出属性：lay-verify="required" class="layui-input"
             -->
            <input name="username" placeholder="用户名" type="text" lay-
verify="required" class="layui-input">
            <hr class="hr15">
            <!-- 4.创建一个input标签，用来输入昵称
                自己补全属性：name、placeholder、type
                给出属性：lay-verify="required" class="layui-input"
             -->
            <input name="nickname" placeholder="昵称" type="text" lay-
verify="required" class="layui-input">
            <hr class="hr15">
            <!-- 5.创建一个input标签，用来输入密码
                自己补全属性：name、placeholder、type
                给出属性：lay-verify="required" class="layui-input"
             -->
            <input name="password" lay-verify="required" placeholder="密码"
type="password" class="layui-input">
            <hr class="hr15">
            <input type="hidden" name="login_valid" value="login_valid">
            <hr class="hr15">
            <!-- 6.创建一个input标签，用作提交按钮（按钮名称：注册）
                自己补全属性：value、type
```

```
            给出属性: lay-submit lay-filter="login" style="width:100%;"
            -->
            <input value=" 注册 " lay-submit lay-filter="login"
style="width:100%;" type="submit">
            <hr class="hr20">
        </form>
        <!-- 此标签不在 form 表单中 -->
        <p style="text-align: center; color: red;">{{ result.error }}</p>
    </div>
    </body>
    </html>
```

完成开发后启动服务，出现图3-1-2所示页面。

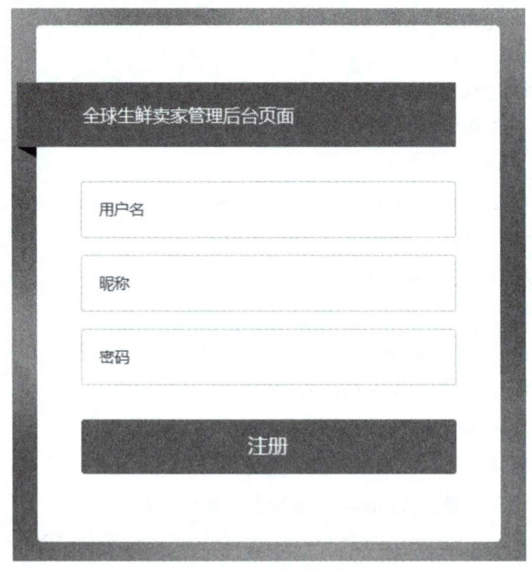

图 3-1-2　卖家登录页面

步骤9: 卖家登录功能开发。

（1）创建卖家登录视图函数login()，代码如下：

```
def login(request):
    pass
```

（2）在卖家Seller下的urls.py文件中添加登录路由和视图函数，代码如下：

```
path('login/', views.login),
```

（3）根据图3-1-3所示的流程图，完善login视图函数功能。

在函数中先创建一个错误信息（error_msg）的变量。判断是否为POST请求，如果是，则获取表单中的信息（username，password），注意需要对密码（password）进行加密处理。

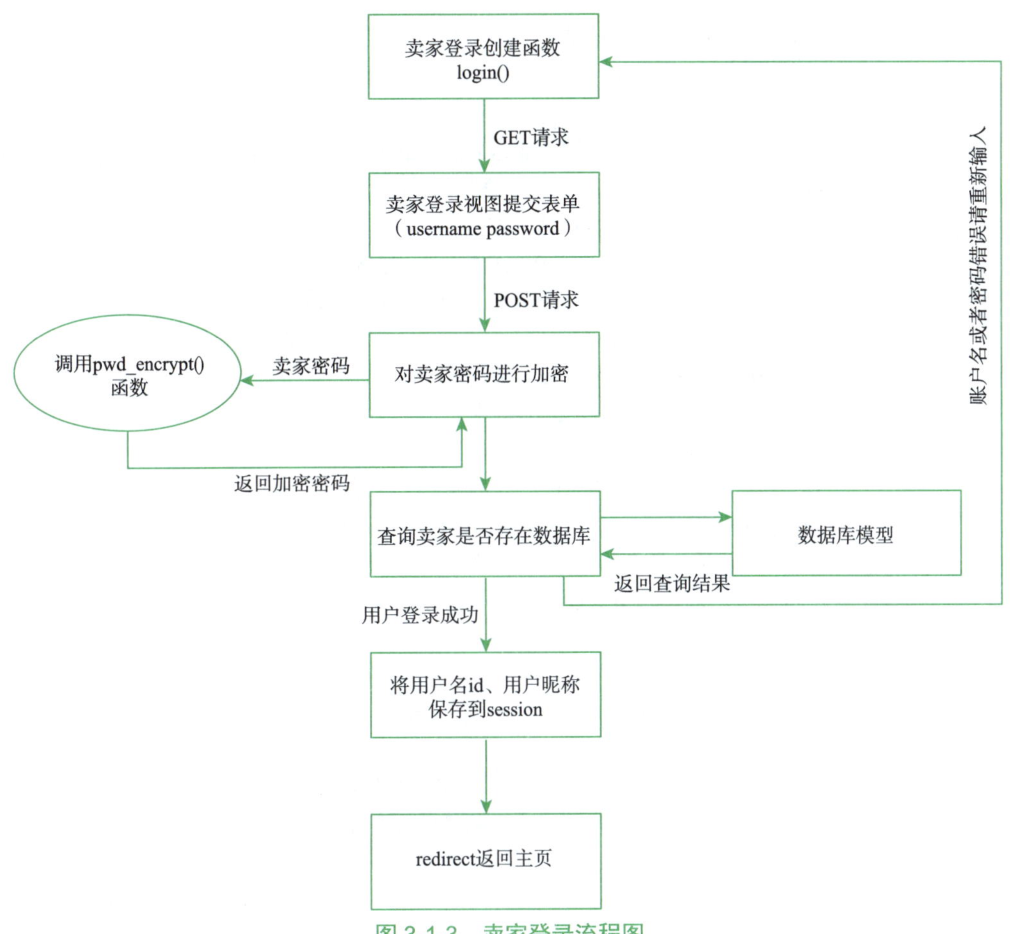

图 3-1-3 卖家登录流程图

在数据库中查询输入的卖家账户和加密过的密码是否存在，并赋值给变量ret。如果在数据库中查询到数据，返回的值不为空，即为真，否则为假。

使用if判断真假，如果为真跳转到首页，则登录成功，同时将卖家账户、昵称、卖家id以及卖家登录时间保存到session中，在保存卖家昵称时，需要先使用last()函数在ret中获取seller对象，再从seller对象中获取卖家昵称（保存到session的实例：request.session['username'] = username），使用redirect返回到主页。如果返回值为空，则表示数据库中没有匹配的卖家账户和密码，此时给error_msg赋值“账户名或者密码错误请重新输入”，并在login()函数页面中传入此变量。视图函数的全部代码如下：

```
def login(request):
    error_msg = ''
    if request.method == 'POST':
        # 1. 获取表单提交过来的内容
        username = request.POST.get('username')
        pwd = request.POST.get('password')
        # 2. 对输入的密码进行加密
        pwd = pwd_encrypt(pwd)
```

```
        # 3. 数据库查询
        # select * from seller where name=username and password =pwd
        ret = models.Seller.objects.filter(name=username, password=pwd)
        # print(ret)      # 如果卖家不存在，返回空 QuerySet 对象，转换成 False
        if ret:
            # 有此卖家 -->> 跳转到首页
            # 登录成功后，将卖家账户保存到 session 中，
            request.session['username'] = username
            seller_obj = ret.last()       # 获取 seller 对象
            nickname = seller_obj.nickname
            # 将卖家昵称保存到 session 中
            request.session['nickname'] = nickname
            # 将卖家的 id 保存到 session 中
            request.session['id'] = seller_obj.id
            # 将登录时间保存到 session 中
            request.session["time"] = time.strftime('%Y-%m-%d %H:%M:%S',
time.localtime(time.time()))
            # 请求重定向
            return redirect('/Seller/index/')
        else:
            # 没有此卖家 -->> 卖家账户名或者密码错误
            error_msg = '账户名或者密码错误请重新输入'

    return render(request, 'seller/login.html', {'error_msg': error_msg})
```

（4）卖家登录的前端login.html的全部代码如下：

```
{% load static %}
<!doctype html>
<html lang="en">
<head>
    <meta charset="UTF-8">
    <title>全球生鲜卖家管理后台页面</title>
    <link rel="shortcut icon" href="/favicon.ico" type="image/x-icon"/>
    <link rel="stylesheet" href="{% static 'seller/css/font.css' %}">
    <link rel="stylesheet" href="{% static 'seller/css/xadmin.css' %}">

</head>
<body class="login-bg">
    <div class="login layui-anim layui-anim-up">
        <div class="message">全球生鲜卖家管理后台页面</div>
        <div id="darkbannerwrap"></div>

        <!-- 填充 form 表单 -->
```

```
        <!-- 1.创建一个 form 标签，用来提交请求参数
             自己补全属性：method
             给出属性：class="layui-form"
         -->
        <form method="post" class="layui-form">
            <!-- 2.书写伪装提交请求功能的代码 -->
            {% csrf_token %}
            <!-- 3.创建一个 input 标签，用来输入用户名
                 自己补全属性：name、placeholder、type
                 给出属性：lay-verify="required" class="layui-input"
            -->
            <input name="username" placeholder="用户名" type="text"
lay-verify="required" class="layui-input">
            <!-- -->
            <hr class="hr15">
            <!-- 4.创建一个 input 标签，用来输入密码
                 自己补全属性：name、placeholder、type
                 给出属性：lay-verify="required" class="layui-input"
            -->
            <input name="password" lay-verify="required" placeholder=
"密码" type="password" class="layui-input">
            <!-- -->
            <hr class="hr15">
            <!-- -->
            <input type="hidden" name="login_valid" value="login_valid">
            <!-- -->
            <hr class="hr15">
            <!-- 5.创建一个 p 标签，用来显示视图函数传过来的错误提示信息(error_msg)
                 自己补全属性：无
                 给出属性：style="text-align: center; color: red;"
            -->
            <p style="text-align: center; color: red;">{{ error_msg }}</p>
            <!-- -->
            <hr class="hr15">
            <!-- 6.创建一个 input 标签，用作提交按钮
                 自己补全属性：value、type
                 给出属性：lay-submit lay-filter="login" style="width:100%;"
            -->
            <input value="登录" lay-submit lay-filter="login" style="width:
100%;" type="submit">
            <!-- -->
            <hr class="hr20">
        </form>
        <p style="text-align: right; ">
```

```
                <a href="/Seller/register/" style="color: darkseagreen">免费注册</a>
            </p>

        </div>
</body>
</html>
```

完成开发后启动服务，出现图3-1-4所示页面。

步骤10: 卖家退出功能开发。

（1）创建退出视图函数，代码如下：

```
def logout(request):
    pass
```

（2）创建退出路由，添加退出视图函数，代码如下：

```
path(' logout /', views.logout),
```

（3）根据图3-1-5所示的流程图，完善退出视图函数功能，代码如下：

```
def logout(request):
    # 1. 将 session 中的卖家用户名、昵称删除
    request.session.flush()
    # 2. 重定向到登录界面
    return redirect('/Seller/login/')
```

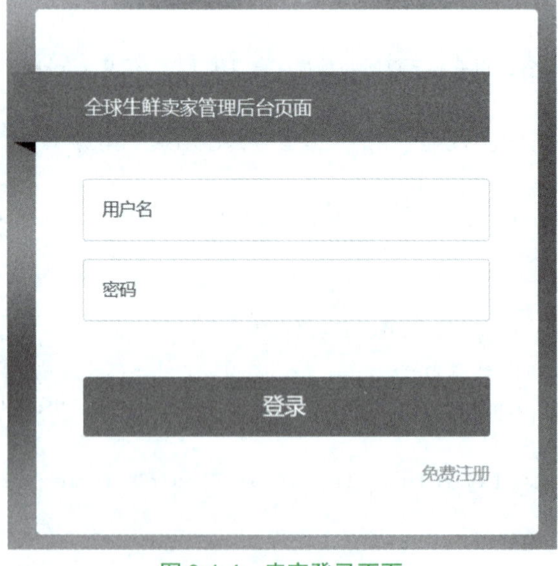

图 3-1-4　卖家登录页面

图 3-1-5　卖家退出流程图

知识链接

Session原理：Session对象存储的是特定用户会话所需的属性及配置信息。当用户在应用程序的Web页之间跳转时，存储在Session对象中的变量将不会丢失，而是一直存在于整个用户会话中。当用户通过Web向服务器发送请求时，若该用户还没有会话，则Web服务器将自动创建一个Session对象；当会话过期或被放弃后，服务器将终止该会话。

步骤11： 后台主页功能开发。

（1）创建卖家主页视图函数index()。

```
def index(request):
    pass
```

（2）创建卖家主页路由index。

```
path('index/', views.index),
```

（3）根据图3-1-6所示流程图，完善视图函数index()的功能。

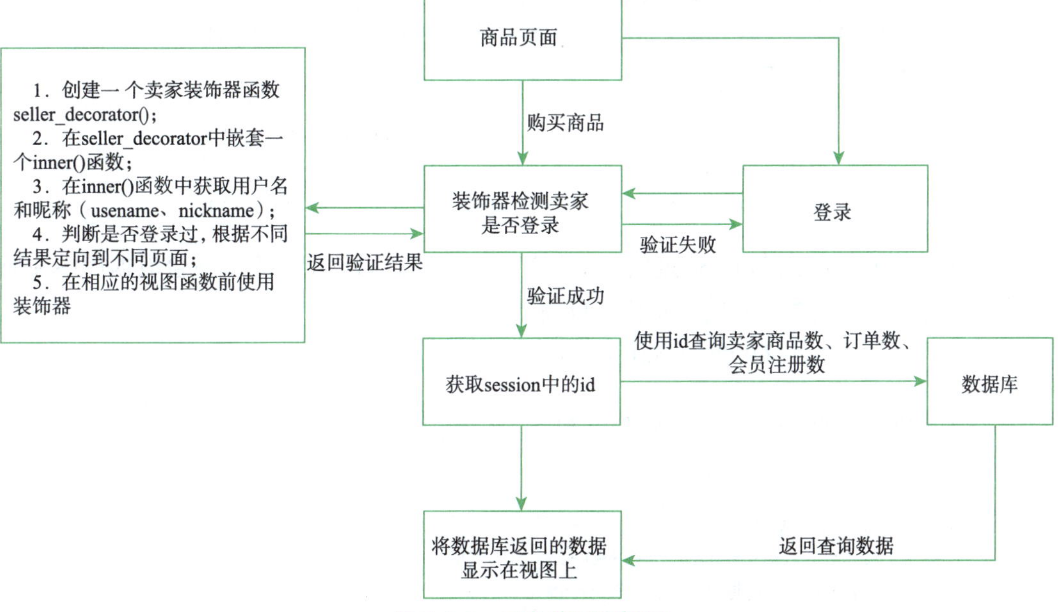

图 3-1-6 后台首页流程图

①构建装饰器函数，作用是给相应视图函数添加一个装饰器，用来判断卖家是否登录，防止卖家直接访问，代码如下：

```
def seller_decorator(func):
    # 装饰器
    def inner(request, *args, **kwargs):
```

```
        # 获取 session 中的卖家账户
        username = request.session.get('username')
        # 获取 session 中的卖家昵称
        nickname = request.session.get('nickname')
        if username and nickname:
            """ 卖家登录过 """
            return func(request, *args, **kwargs)
        else:
            """ 卖家没有登录，重定向到登录页面 """
            return redirect('/Seller/login/')
    return inner
```

②根据流程图，完善视图函数index()的功能，代码如下：

```
@seller_decorator
def index(request):

    # 获取 session 中登录的 id
    user_id = request.session.get("id")
    # 通过登录的 id 查询卖家对应的商品数量
    user_goods_num = models.Goods.objects.filter(seller_id=user_id).count()
    # print(user_goods_num)
    # 查询前台数据库中注册的会员数
    member_num = buyer_models.Buyer.objects.all().count()
    # print(member_num)
    # 查询前台数据库中的订单数
    order_num = buyer_models.Order.objects.all().count()
    # print(order_num)
    return render(request, 'seller/index.html', locals())
```

获取session中的登录id，通过此id查询卖家对应的商品数量，查询前台数据库中注册会员数和订单数，将查询到的信息传入页面。

（4）后台主页index.html的前端代码如下：

```
{% extends "seller/base.html" %}
{% load static %}

{% block content %}
    <fieldset class="layui-elem-field">
        <legend> 数据统计 </legend>
        <div class="layui-field-box">
            <div class="layui-col-md12">
                <div class="layui-card">
                    <div class="layui-card-body">
                        <div class="layui-carousel x-admin-carousel x-admin-backlog" lay-anim="" lay-indicator="inside" lay-arrow="none" style="width: 100%; height: 90px;">
                            <div carousel-item="">
```

```
                    <ul class="layui-row layui-col-space10
layui-this">
                        <li class="layui-col-xs2">
                            <a href="javascript:;" class="x-
admin-backlog-body">
                                <h2 style="text-align: center">
订单数</h2>
                                <p style="margin: 20px ; text-
align: center">
                                    <!-- 1. 须传入订单表中订单
的个数 -->
                                        <cite>{{ order_num
}}</cite>
                                </p>
                            </a>
                        </li>
                        <li class="layui-col-xs2">
                            <a href="javascript:;" class="x-
admin-backlog-body">
                                <h2 style="text-align: center">
会员数</h2>
                                <p style="margin: 20px;
text-align: center">
                                <!-- 2. 须传入卖家注册表中注册个
数 -->
                                    <cite>{{ member_num
}}</cite>
                                </p>
                            </a>
                        </li>
                        <li class="layui-col-xs2">
                            <a href="javascript:;"
class="x-admin-backlog-body">
                                <h2 style="text-align:
center">商品数</h2>
                                <p style="margin: 20px;
text-align: center">
                                <!-- 3. 须传入卖家商品表中商品的
个数 -->
                                    <cite>{{ user_goods_num
}}</cite>
                                </p>
                            </a>
                        </li>
                    </ul>
                </div>
```

```
                </div>
            </div>
        </div>
    </div>
</div>
</fieldset>
<fieldset class="layui-elem-field">
    <legend>系统信息</legend>
    <div class="layui-field-box">
        <table class="layui-table">
            <tbody>
                <tr>
                    <th>全球生鲜店铺版本</th>
                    <td>1.0.180420</td></tr>
                <tr>
                    <th>服务器地址</th>
                    <td>127.0.0.1</td></tr>
                <tr>
                    <th>操作系统</th>
                    <td>window10</td></tr>
                    <th>django版本</th>
                    <td>2.1.2</td></tr>
            </tbody>
        </table>
    </div>
</fieldset>
{% endblock %}
```

完成开发后，启动服务，若成功，会出现图3-1-7所示页面。

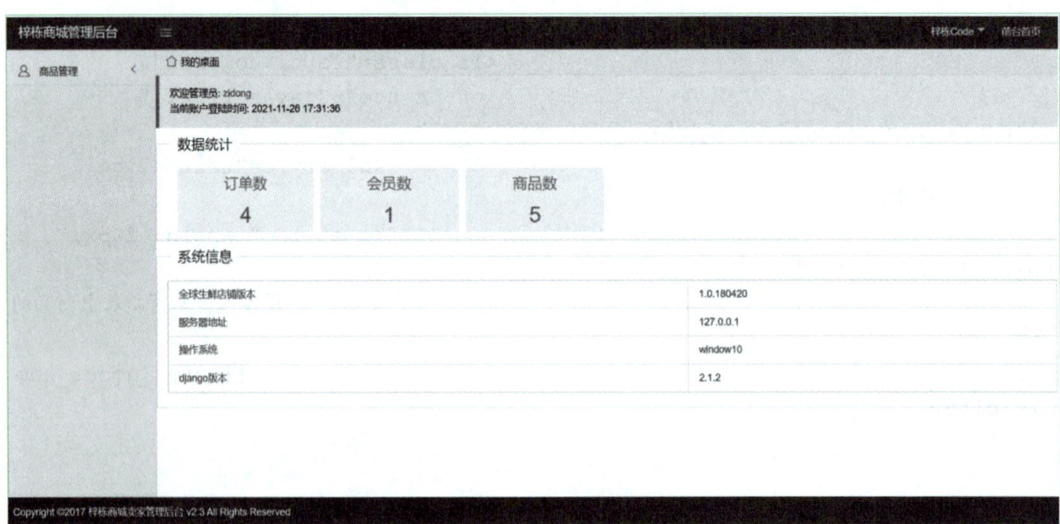

图 3-1-7　后台首页页面

步骤12: 使用Git提交代码到码云，在TAPD上提交任务。

任务考评

【卖家登录注册与后台主页】考评记录

姓名		完成日期	
序号	考核内容	标准分	评分
1	在TAPD中查看任务，从码云仓库拉取代码	5	
2	成功创建Seller应用	10	
3	成功注册Seller应用	10	
4	成功创建templates并添加前端文件	10	
5	成功创建static文件夹并添加静态文件	10	
6	成功配置MySQL数据库	5	
7	成功完成MySQL数据库迁移	5	
8	完成卖家注册功能开发	10	
9	完成卖家登录功能开发	10	
10	完成卖家退出功能开发	10	
11	完成后台主页功能开发	10	
12	在TAPD提交任务，在码云上提交代码	5	
总评分		100	

任务实现心得：

1. 如何让 Django 的 ORM 调用 PyMySQL?
2. 为什么要把账号密码保存到 session 中?

学习笔记

任务2 商品类型操作

任务描述

情境描述	应用Django框架，同学A、同学B和同学C只用了2天就把卖家登录注册与后台主页开发完毕。 聂老师又在TAPD上发布了新的任务：开发“商品类型”功能模块。这个功能主要是让卖家对商品类型进行增删改查操作。 这部分需要和数据库打很多交道，同学们数据库相关基础知识不扎实，为了项目进度需要系统学习数据库知识
任务分解	分析上面的工作情境，将任务分解如下： 1．商品类型列表开发。 2．增加商品类型开发。 3．删除商品类型开发。 4．修改商品类型开发
任务准备	1．熟练ORM框架。 2．掌握html的入门知识，如文本节点；html元素（HTML文档根元素）、head（HTML头部）元素、body（HTML主体）元素、title（HTML标题）元素和p（段落）元素等；HTML标签由一对尖括号<>及标签名组成

任务目标

知识目标	1．掌握ORM增删改查的操作方法。 2．掌握查询语句的使用方法。 3．掌握商品类型功能的开发原理
技能目标	1．会使用ORM进行项目开发。 2．能使用装饰器进行项目开发
素养目标	严谨：在商品类型开发中，通过解决Web请求流程中的错误，提升学生项目工程思维

任务实现

视 频

商品类型模块开发

步骤1： 在TAPD中领取任务，从码云仓库拉取代码。

步骤2： 添加商品类型功能开发。

（1）创建“添加商品类型”视图函数。

```
def type_add(request):
    pass
```

（2）在Seller的urls.py文件中添加“添加商品类型”路由（type_add），代码如下：

```
path('type_add/', views.type_add)
```

（3）根据图3-2-1所示的流程图，完善视图函数type_add()的功能，代码如下：

```
def type_add(request):
    if request.method == 'POST':
        # 1. 获取内容
        type_name = request.POST.get('type_name')
        # 2. 保存数据库
        models.Type.objects.create(name=type_name)
        # 3. 重定向到类型列表
        return redirect('/Seller/type_add/')
    return render(request, 'seller/type_add.html')
```

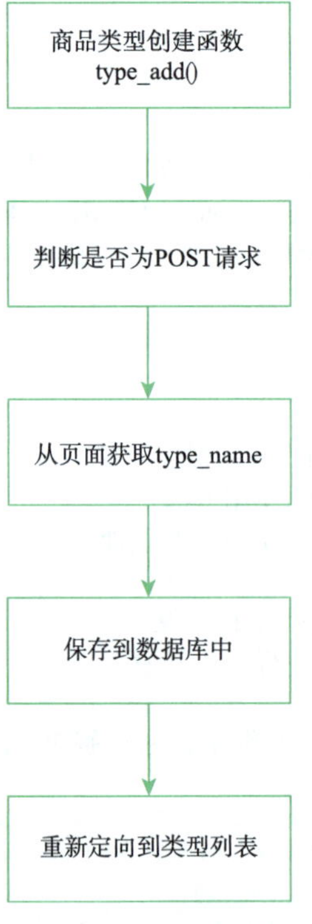

图 3-2-1　类型添加流程图

（4）添加商品类型的type_add.html文件前端代码如下：

```
{% load static %}
<!DOCTYPE html>
<html>
```

```
    <head>
        <meta charset="UTF-8">
        <title>全球生鲜卖家管理后台</title>
        <link rel="stylesheet" href="{% static 'seller/css/font.css' %}">
        <link rel="stylesheet" href="{% static 'seller/css/xadmin.css' %}">
        <script type="text/javascript" src="{% static 'seller/js/jquery.min.js'%}">
</script>
        <script type="text/javascript" src="{% static 'seller/lib/layui/layui.js'
%}" charset="utf-8"></script>
        <script type="text/javascript" src="{% static 'seller/js/xadmin.js' %}">
</script>


    </head>

    <body>
    <div class="x-body layui-anim layui-anim-up">
        {#    添加 enctype action 和 csrf_token #}
        <!-- 填充 form 表单 -->
        <!-- 1. 创建一个 form 标签，用来提交请求参数
            自己补全属性：method、action
            给出属性：class="layui-form", enctype="multipart/form-data"
         -->
        <form class="layui-form" method="post" action="/Seller/type_add/"
enctype="multipart/form-data">
            <!-- 2. 书写伪装提交请求功能的代码 -->
            {% csrf_token %}
            <div class="layui-form-item">
                <label for="L_email" class="layui-form-label">
                    <span class="x-red">*</span>类型名称
                </label>
                <div class="layui-input-inline">
                    <!-- 3. 创建一个 input 标签，用来输入类型名称
                        自己补全属性：name、type
                        给出属性：id="L_email", required="", autocomplete="off",
class="layui-input"-->
                    <input type="text" id="L_email" name="type_name" required=""
autocomplete="off" class="layui-input">
                </div>
            </div>
            <div class="layui-form-item">
                <label for="L_repass" class="layui-form-label">
                </label>
```

```
            <!-- 4. 创建一个 input 标签，用来设置提交按钮（命名 : 增加）
                自己补全属性：type、value
                给出属性：class="layui-btn", lay-filter="add", lay-submit=""
            -->
            <input type="submit" class="layui-btn" lay-filter="add" lay-submit=""
value=" 增加 "/>

        </div>
        <!-- form 标签在此处结束 -->
    </form>
</div>

<script>
    CKEDITOR.replace('goods_content', {uiColor: '#FFFFFF'})
</script>

</body>

</html>
```

完成开发后，启动服务，若成功，会出现图3-2-2所示页面。

图 3-2-2　类型添加页面

步骤3：商品类型列表功能开发

（1）创建一个列表函数type_list()。

```
def type_list(request):
    pass
```

（2）在Seller的urls.py文件中添加商品类型列表路由type_list。

```
path('type_list/', views.type_list)
```

（3）根据图3-2-3所示流程图，完善type_list()函数的功能，代码如下：

```
    @seller_decorator
    def type_list(request):
        # 1.数据库获取所有记录
        type_obj_list = models.Type.objects.all()
        return render(request, 'seller/type_list.html', {'type_obj_list': type_
obj_list})
```

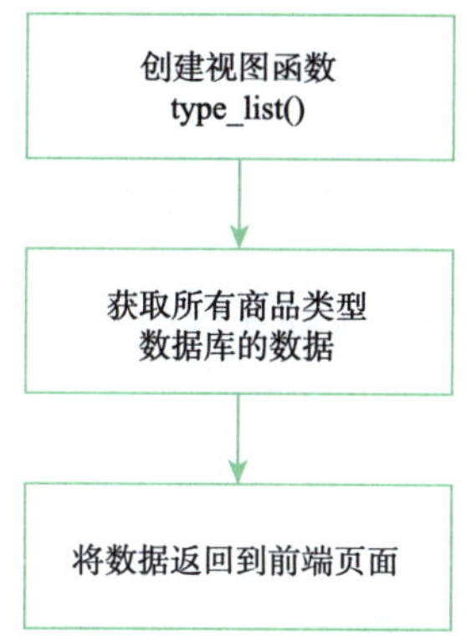

图 3-2-3 商品类型列表流程图

知识链接

装饰器（Decorator）：从字面上理解，就是装饰对象的器件。可以在不修改原有代码的情况下，为被装饰的对象增加新的功能、附加限制条件或者帮助输出。装饰器有很多种：函数的装饰器、类的装饰器等。装饰器在很多语言中的名字也不尽相同，它体现的是设计模式中的装饰模式，强调的是开放封闭原则。装饰器的语法是将@装饰器名放在被装饰对象上面。

（4）商品类型列表type_list.html的前端代码如下：

```
    {% load static %}
    <!DOCTYPE html>
    <html>

    <head>
        <meta charset="UTF-8">
        <title>全球生鲜卖家管理后台</title>
        <link rel="stylesheet" href="{% static 'seller/css/font.css' %}">
        <link rel="stylesheet" href="{% static 'seller/css/xadmin.css' %}">
        <script type="text/javascript" src="{% static 'seller/js/jquery.
min.js'%}"></script>
        <script type="text/javascript" src="{% static 'seller/lib/layui/
layui.js' %}" charset="utf-8"></script>
        <script type="text/javascript" src="{% static 'seller/js/xadmin.js' %}"></script>
```

```
</head>

<body class="layui-anim layui-anim-up">
<div class="x-nav">
    <span class="layui-breadcrumb">
      <a href="">商品类型管理</a>
      <a href="/Seller/type_add/">商品类型添加</a>
    </span>
</div>
<div class="x-body">
    <!-- 创建一个表格，用来显示商品的所有类型
      自己补全属性：无
      给出属性：class="layui-table"
    -->
    <table class="layui-table">
      <thead>
      <tr>
          <th>商品类型序号</th>
          <th>商品类型名称</th>
          <th>操作</th>
      </tr>
      </thead>
      <tbody>
      {% for type_obj in type_obj_list %}
          <tr>
              <td>{{ forloop.counter }}</td>
              <td>{{ type_obj.name }}</td>
              <td>
                  <a href="/Seller/type_change/?id={{ type_obj.id }}">编辑</a>
                  <a href="/Seller/type_delete/?id={{ type_obj.id }}">删除</a>
              </td>
          </tr>
      {% endfor %}
      </tbody>
    </table>

</div>

</body>

</html>
```

完成开发后启动服务，若成功，会出现图3-2-4所示页面。

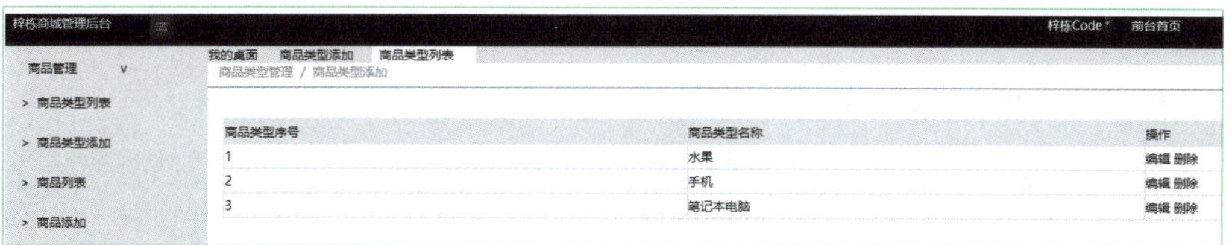

图 3-2-4　商品类型列表页面

步骤4： 删除商品类型的功能开发。

（1）创建一个删除函数type_delete()。

```
def type_delete(request):
    pass
```

（2）在Seller的urls.py文件中添加商品类型删除路由（type_delete）。

```
path('type_delete/', views.type_delete),
```

（3）根据图3-2-5所示流程图，完善视图函数type_delete()。

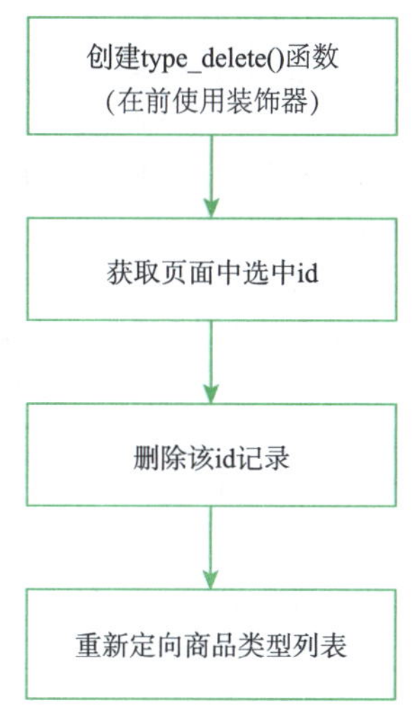

图 3-2-5　删除商品列表流程图

在type_delete()函数前使用装饰器（seller_decorator），获取页面中选中的id，根据id从数据库中查询数据并删除，重新定向到商品类型列表，视图函数的代码如下：

```
@seller_decorator
def type_delete(request):
    # 1. 获取 id
    id = request.GET.get('id')
    # 2. 删除数据库中的记录
    models.Type.objects.filter(id=id).delete()
    # 3. 重定向到类型列表
    return redirect('/Seller/type_list/')
```

步骤5: 修改商品类型功能开发。

（1）创建函数type_change()。

```
def type_change(request):
    pass
```

（2）在Seller的urls.py文件中添加商品类型列表路由type_change。

```
path('type_change/', views.type_change)
```

（3）根据图3-2-6所示流程图，完善视图函数type_change()的功能，代码如下：

```
@seller_decorator
def type_change(request):
    if request.method == 'GET':
        # 1.获取id
        id = request.GET.get('id')
        # 2.根据id 查找数据库
        type_obj = models.Type.objects.get(id=id)
        # 3.将数据放到页面上
        return render(request, 'seller/type_change.html', {'type_obj': type_obj})
    else:
        #（1）获取表单提交过来的内容（id、修改后的名称）
        id = request.POST.get('id')
        type_name = request.POST.get('type_name')
        #（2）根据id 查找数据库中对应的记录，并修改
        models.Type.objects.filter(id=id).update(name=type_name)
        #（3）重定向到类型列表
        return redirect('/Seller/type_list/')
```

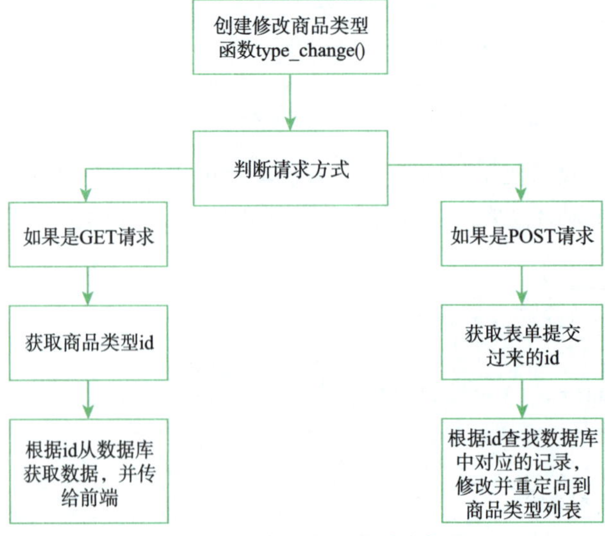

图3-2-6　修改商品类型流程图

在type_change视图函数前使用装饰器（seller_decorator），若为GET请求则获取id，根据id查询数据库，将数据放到页面上。若为POST请求，获取表单提交过来的内容（id、修改后的名称），根据id 查找数据库中对应的记录并修改，重新定向页面。

（4）修改商品类型type_change.html的前端代码如下：

```
{% load static %}
<!DOCTYPE html>
<html>

<head>
    <meta charset="UTF-8">
    <title>全球生鲜卖家管理后台</title>
    <link rel="stylesheet" href="{% static 'seller/css/font.css' %}">
    <link rel="stylesheet" href="{% static 'seller/css/xadmin.css' %}">
    <script type="text/javascript" src="{% static 'seller/js/jquery.min.js'%}">
</script>
    <script type="text/javascript" src="{% static 'seller/lib/layui/layui.js'
%}" charset="utf-8"></script>
    <script type="text/javascript" src="{% static 'seller/js/xadmin.js' %}"></script>
</head>
<body>
<div class="x-body layui-anim layui-anim-up">
    <!-- 填充form表单 -->
    <!-- 1.创建一个form标签，用来提交请求参数。
        自己补全属性：method、action
        给出属性：class="layui-form", enctype="multipart/form-data"
     -->
    <form class="layui-form" method="post" action="/Seller/type_change/"
enctype="multipart/form-data">
        <!-- 2.书写伪装提交请求功能的代码 -->
        {% csrf_token %}
        <!-- 3.创建一个隐藏input标签，用来隐藏商品类型id
            自己补全属性：name、type、value
            给出属性：无
         -->
        <input type="hidden" name="id" value="{{ type_obj.id }}">
        <div class="layui-form-item">
            <label for="L_email" class="layui-form-label">
                <span class="x-red">*</span>类型名称
            </label>
            <div class="layui-input-inline">
                <!-- 4.创建一个input标签，用来显示并输入商品类型名称
                    自己补全属性：name、type、value
                    给出属性：id="L_email", required="",
```

```
autocomplete="off", class="layui-input"-->
                <input type="text" id="L_email" name="type_name" required="
"autocomplete="off" class="layui-input" value="{{ type_obj.name }}">
            </div>
        </div>
        <div class="layui-form-item">
            <label for="L_repass" class="layui-form-label">
            </label>
            <!-- 5.创建一个input标签，用来设置提交按钮(命名：保存)
                自己补全属性：type、value
                给出属性：class="layui-btn", lay-filter="add", lay-submit=""
            -->
            <input type="submit" class="layui-btn" lay-filter="add" lay-submit="
" value="保存"/>

        </div>
    <!-- form标签在此处结束 -->
    </form>

</div>

<script>
    CKEDITOR.replace('goods_content', {uiColor: '#FFFFFF'})
</script>

</body>

</html>
```

完成开发后启动服务，若成功，会出现图3-2-7所示页面。

梓栋商城管理后台

商品管理	我的桌面　商品类型添加 ×　商品类型列表 ×
商品类型列表	*类型名称　水果
商品类型添加	保存
商品列表	
商品添加	

图3-2-7　修改商品类型页面

步骤6: 码云提交代码，TAPD提交任务。

任务考评

【商品类型操作】考评记录

姓名		完成日期	
序号	考核内容	标准分	评分
1	在TAD查看任务，从码云中拉取代码	10	
2	完成添加商品类型功能开发	20	
3	完成商品类型列表功能开发	20	
4	完成删除商品类型功能开发	20	
5	完成修改商品类型功能开发	20	
6	在TAPD提交任务，在码云上提交代码	10	
总评分		100	

任务实现心得：

思考题

1. 简述装饰器 @seller_decorator 的作用。
2. 简述视图函数中 POST 方法和 GET 方法的区别。

学习笔记

任务3 商品操作

任务描述

情境描述	完成“商品类型”开发后，聂老师在TAPD上发布了新的任务：开发 “商品操作”功能模块，商品操作模块包括商品的增删改查操作。由于和商品类型模块开发过程类似，所以这部分任务对同学们来说比较容易
任务分解	根据上面工作情境，将任务分解如下： 1. 商品列表功能开发。 2. 增加商品功能开发。 3. 删除商品功能开发。 4. 修改商品功能开发
任务准备	1. 已经完成商品类型操作的开发。 2. 对任务清单深入理解。 3. 准备商品图片方便进行代码调试

任务目标

知识目标	1. 掌握商品操作模块开发原理。 2. 掌握Web应用保存和删除图片的方法
技能目标	1. 按照需求文档完成开发商品操作模块。 2. 能够独立进行模块开发
素养目标	在进行“修改商品”功能开发时，需要删除商品原图片并重新上传新的图片，往往会出现很多错误，当大家解决错误时，需要耐心和细心

任务实现

步骤1: 在TAPD中领取任务，从码云仓库拉取代码。

步骤2: 添加商品功能开发。

（1）创建一个商品添加的视图函数goods_add()。

```
def goods_add (request):
    pass
```

（2）在Seller的urls.py文件中添加“添加商品”路由goods_add，代码如下：

```
path('goods_add/', views.goods_add)
```

（3）根据图3-3-1所示流程图，完善视图函数type_add()的功能，代码如下：

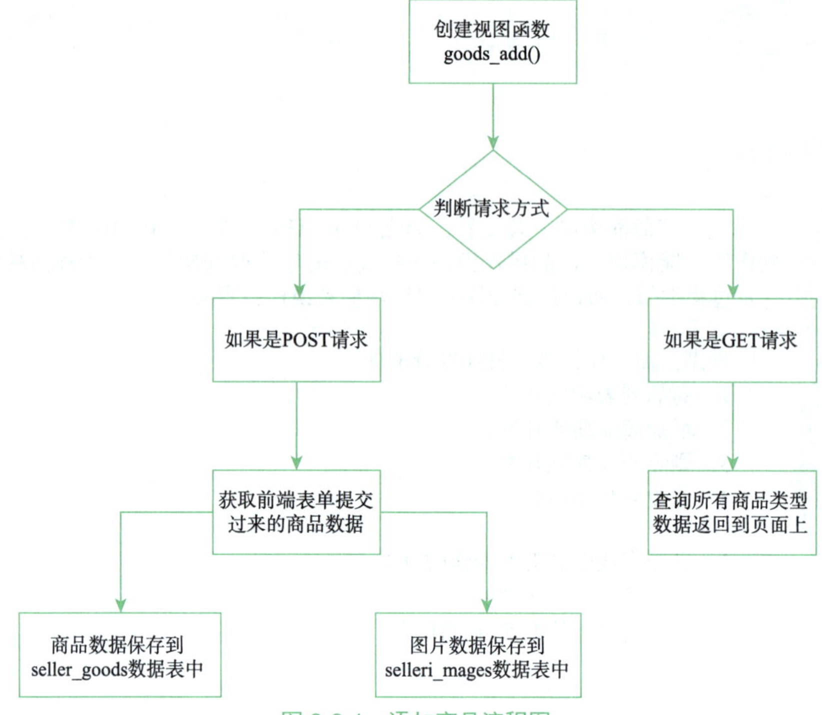

图 3-3-1　添加商品流程图

```
def goods_add(request):
    if request.method == 'POST':
        # 1.获取表单提交过来的内容
        goods_num = request.POST.get('goods_num')             # 商品编号
        goods_name = request.POST.get('goods_name')           # 商品名称
        goods_oprice = request.POST.get('goods_oprice')  # 商品原价
        goods_cprice = request.POST.get('goods_xprice')  # 商品现价
        goods_kucun = request.POST.get('goods_kucun')       # 商品库存
        goods_sales = request.POST.get('goods_sales')       # 商品销量
        goods_description = request.POST.get('goods_description')  # 商品描述
        goods_type_id = request.POST.get('goods_type')  # 商品类型的 id
        goods_content = request.POST.get('goods_content')     # 商品详情
        # 注意上传字段使用 FILES.getlist() 获取多张图片
        userfiles = request.FILES.getlist('userfiles')       # 商品缩略图
        # 2.保存到数据库
        goods_obj = models.Goods.objects.create(
            goods_num=goods_num,
            goods_name=goods_name,
            goods_oprice=goods_oprice,
            goods_cprice=goods_cprice,
            goods_kucun=goods_kucun,
            goods_sales=goods_sales,
```

```
            goods_description=goods_description,
            goods_details=goods_content,
            types=models.Type.objects.get(id=goods_type_id),  # 注意 types 是对象
            # types_id=goods_type_id 使用数据库中的字段进行赋值
            seller_id=request.session.get('id')
        )
        # 3. 保存图片到数据库
        # 循环遍历读取每张图片保存到 images 下
        # 枚举  (0,'<InMemoryUploadedFile: 3.jpg (image/jpeg)>')
        print(userfiles)
        for index, image_obj in enumerate(userfiles):
            print(index)
            print(image_obj)
            #(1) 保存图片
            name = image_obj.name.rsplit('.', 1)[1]
            path = 'Seller/static/seller/images/{}_{}.{}'.format(goods_name, index, name)
            print(path)
            with open(path, mode='wb') as f:
                for content in image_obj.chunks():
                    f.write(content)

            path1 = 'seller/images/{}_{}.{}'.format(goods_name, index, name)

            #(2) 保存图片路径到数据库
            obj_image = models.Image(
                img_address=path1,
                # 图片原名称
                img_label=image_obj.name,
                # {%static xxx%} /static/seller/images/ 苹果_0.jpg
                # 设置图片和商品的关系
                goods=goods_obj
            )
            obj_image.save()
        # 4. 重定向到商品列表
        return redirect('/Seller/goods_list/')
    else:
        # 查询所有商品类型数据
        type_obj_list = models.Type.objects.all()
        return render(request, 'seller/goods_add.html', {'type_obj_list':
type_obj_list})
```

（4）添加商品 goods_add.html 的前端代码如下：

```
{% load static %}
<!DOCTYPE html>
```

```
    <html>

    <head>
        <meta charset="UTF-8">
        <title>全球生鲜卖家管理后台</title>
        <link rel="stylesheet" href="{% static 'seller/css/font.css' %}">
        <link rel="stylesheet" href="{% static 'seller/css/xadmin.css' %}">
        <script type="text/javascript" src="{% static 'seller/js/jquery.min.js'%}">
</script>
        <script type="text/javascript" src="{% static 'seller/lib/layui/
layui.js' %}" charset="utf-8"></script>
        <script type="text/javascript" src="{% static 'seller/js/xadmin.js' %}">
</script>
    </head>
    <body>
    <div class="x-nav">
        <span class="layui-breadcrumb">
            <a href="">商品管理</a>
            <a href="/Seller/goods_list/">商品列表</a>
        </span>
    </div>
    <div class="x-body layui-anim layui-anim-up">
        <!-- 填充form表单 -->
        <!-- 1.创建一个form标签，用来提交请求参数
            自己补全属性：method、action
            给出属性：class="layui-form", enctype="multipart/form-data"
         -->
        <form class="layui-form" method="post" action="/Seller/goods_add/"
enctype="multipart/form-data">
            <!-- 2.书写伪装提交请求功能的代码 -->
            {% csrf_token %}
            <div class="layui-form-item">
                <label for="L_email" class="layui-form-label">
                    <span class="x-red">*</span>商品编号
                </label>
                <div class="layui-input-inline">
                    <!-- 3.创建一个input标签，用来输入商品编号
                        自己补全属性：name、type

                        给出属性：id="L_email", required="", autocomplete="off",
class="layui-input"-->
                    <input type="text" id="L_email" name="goods_num" required=""
                        autocomplete="off" class="layui-input">
                </div>
```

```
        </div>

        <div class="layui-form-item">
            <label for="L_username" class="layui-form-label">
                <span class="x-red">*</span> 商品名称
            </label>
            <div class="layui-input-inline">
                <!-- 4. 创建一个 input 标签，用来输入商品名称
                    自己补全属性：name、type
                    给出属性：id="L_username", required="", autocomplete="off",
class="layui-input"-->
                <input type="text" id="L_username" name="goods_name" required=""
autocomplete="off" class="layui-input">
            </div>
        </div>

        <div class="layui-form-item">
            <label for="L_pass" class="layui-form-label">
                <span class="x-red">*</span> 商品原价
            </label>
            <div class="layui-input-inline">
                <!-- 5. 创建一个 input 标签，用来输入商品原价
                    自己补全属性：name、type
                    给出属性：id="L_pass", required="", autocomplete="off",
class="layui-input"-->
                <input type="text" id="L_pass" name="goods_oprice" required=""
autocomplete="off" class="layui-input">
            </div>
        </div>

        <div class="layui-form-item">
            <label for="L_repass" class="layui-form-label">
                <span class="x-red">*</span> 商品现价
            </label>
            <div class="layui-input-inline">
                <!-- 6. 创建一个 input 标签，用来输入商品现价
                    自己补全属性：name、type

                    给出属性：id="L_repass", required="", autocomplete="off",
class="layui-input"-->
                <input type="text" id="L_repass" name="goods_xprice" required=""
autocomplete="off" class="layui-input">
            </div>
        </div>
```

```
        <div class="layui-form-item">
            <label for="L_repass" class="layui-form-label">
                <span class="x-red">*</span> 商品库存
            </label>
            <div class="layui-input-inline">
                <!-- 7. 创建一个 input 标签，用来输入商品库存
                    自己补全属性：name、type
                    给出属性：id="L_repass", required="", autocomplete="off",
class="layui-input"-->
                <input type="text" id="L_repass" name="goods_kucun" required=""
autocomplete="off" class="layui-input">
            </div>
        </div>

        <div class="layui-form-item">
            <label for="L_repass" class="layui-form-label">
                <span class="x-red">*</span> 商品销量
            </label>
            <div class="layui-input-inline">
                <!-- 8. 创建一个 input 标签，用来输入商品销量
                    自己补全属性：name、type
                    给出属性：id="L_repass", required="", autocomplete="off",
class="layui-input"-->
                <input type="text" id="L_repass" name="goods_sales" required=""
autocomplete="off" class="layui-input">
            </div>
        </div>

        <div class="layui-form-item">
            <label for="L_repass" class="layui-form-label">
                <span class="x-red">*</span> 商品描述
            </label>
            <div class="layui-input-inline">
                <!-- 9. 创建一个 input 标签 ， 用来输入商品描述
                    自己补全属性：name、type
                    给出属性：id="L_repass", required="", autocomplete="off",
class="layui-input"-->
                <input type="text" id="L_repass" name="goods_description"
required="" autocomplete="off" class="layui-input">
            </div>
        </div>
        <div class="layui-form-item">
            <label for="L_repass" class="layui-form-label">
```

```
                <span class="x-red">*</span> 商品缩略图
            </label>
            <div class="layui-input-inline">
                <!-- 10. 创建一个 input 标签, 用来上传商品图片
                    自己补全属性: name、type
                    给出属性: id="L_repass", required="", autocomplete="off",
class="layui-input"-->
                <input type="file" id="L_repass" name="userfiles" required=""
autocomplete="off" class="layui-input" multiple>
            </div>
        </div>

        <div class="layui-form-item">
            <label for="L_repass" class="layui-form-label">
                <span class="x-red">*</span> 商品类型
            </label>
            <div class="layui-input-inline">
                <!-- 11. 创建一个 select 标签, 用来选择 sp 类型
                    自己补全属性: name
                    给出属性: id="L_repass", required="", autocomplete="off",
class="layui-input"-->
                <select id="L_repass" name="goods_type" required=""
autocomplete="off" class="layui-input">
                    {% for type_obj in type_obj_list %}
                        <option >value="{{ type_obj.id }}">{{ type_obj.name}}
</option>
                    {% endfor %}
                </select>
            </div>
        </div>

        <div class="layui-form-item layui-form-text">
            <label for="desc" class="layui-form-label">
                商品详情

            </label>
            <div class="layui-input-block">
                <!-- 12. 创建一个 textarea 标签, 用来显示并输入商品详情
                    自己补全属性: name
                    给出属性: placeholder="请输入内容", id="desc", class=
"layui-textarea", required=""
                -->
                <textarea placeholder="请输入内容" id="desc" name="goods_content"
class="layui-textarea" required=""></textarea>
            </div>
        </div>
```

```
            <div class="layui-form-item">
                <label for="L_repass" class="layui-form-label">
                </label>
                <!-- 13. 创建一个 input 标签，用来设置提交按钮（命名：增加）
                        自己补全属性：type、value
                        给出属性：class="layui-btn", lay-filter="add", lay-submit=""
                -->
                <input type="submit" class="layui-btn" lay-filter="add" lay-submit="
" value="增加"/>

            </div>
        <!-- form 标签在此处结束 -->
        </form>
    </div>

    <script>
        CKEDITOR.replace('goods_content', {uiColor: '#FFFFFF'})
    </script>

    </body>

    </html>
```

完成开发后启动服务，若成功，会出现图3-3-2所示页面。

图 3-3-2　添加商品

步骤3： 商品列表功能开发。

（1）创建列表函数goods_list()。

```
def goods_list(request):
    pass
```

（2）在Seller的urls.py文件中添加商品列表路由goods_list。

```
path('goods_list/', views.goods_list)
```

（3）根据图3-3-3所示流程图，完善视图函数goods_list()的功能，代码如下：

图 3-3-3 商品列表流程图

```
def goods_list(request):
    # 查询出所有商品
    # 获取买家的 id
    seller_id = request.session.get('id')
    goods_obj_list = models.Goods.objects.filter(seller_id=seller_id)
    return render(request,'seller/good_list.html', {'goods_obj_list': goods_obj_list})
```

（4）商品列表前端页面good_list.html的全部代码如下：

```
{% load static %}
<!DOCTYPE html>
<html>

<head>
    <meta charset="UTF-8">
    <title>全球生鲜卖家管理后台</title>
    <link rel="stylesheet" href="{% static 'seller/css/font.css' %}">
    <link rel="stylesheet" href="{% static 'seller/css/xadmin.css' %}">
    <script type="text/javascript" src="{% static 'seller/js/jquery.min.js'%}">
</script>
    <script type="text/javascript" src="{% static 'seller/lib/layui/layui.js' %}"
charset="utf-8"></script>
    <script type="text/javascript" src="{% static 'seller/js/xadmin.js' %}">
</script>
</head>
```

```
<body class="layui-anim layui-anim-up">
<div class="x-nav">
    <span class="layui-breadcrumb">
        <a href="">商品管理</a>
        <a href="/Seller/goods_add/">商品添加</a>
    </span>
</div>
<div class="x-body">
    <!-- 创建一个表格，用来显示商品的所有信息
        自己补全属性：无
        给出属性：class="layui-table"
      -->
    <table class="layui-table">
        <thead>
        <tr>
            <th>商品序号</th>
            <th>商品编号</th>
            <th>商品名称</th>
            <th>商品原价</th>
            <th>商品现价</th>
            <th>商品库存</th>
            <th>商品销量</th>
            <th>商品浏览量</th>
            <th>商品描述</th>
            <th>操作</th>
        </tr>
        </thead>
        <tbody>
        {% for goods in goods_obj_list %}
            <tr>
                <!-- 1.须传入商品序号 -->
                <td>{{ forloop.counter }}</td>
                <!-- 2.须传入商品编号 -->
                <td>{{ goods.goods_num }}</td>
                <!-- 3.须传入商品名称 -->
                <td>{{ goods.goods_name }}</td>
                <!-- 4.须传入商品原价 -->
                <td>{{ goods.goods_oprice }}</td>
                <!-- 5.须传入商品现价 -->
                <td>{{ goods.goods_cprice }}</td>
                <!-- 6.须传入商品库存 -->
                <td>{{ goods.goods_kucun }}</td>
                <!-- 7.须传入商品销量 -->
                <td>{{ goods.goods_sales }}</td>
```

```
                    <!-- 8.须传入商品浏览量 -->
                    <td>{{ goods.goods_browses }}</td>
                    <!-- 9.须传入商品描述 -->
                    <td>{{ goods.goods_description }}</td>
                    <td>
                        <!-- 10.须完善href属性 -->
                        <a href="/Seller/goods_change/?id={{ goods.id }}">编辑</a>
                        <!-- 11.须完善href属性 -->
                        <a href="/Seller/goods_delete/?id={{ goods.id }}">删除</a>
                    </td>
                </tr>
            {% endfor %}
            </tbody>
        </table>

</div>

</body>

</html>
```

完成开发后启动服务，若成功，会出现图3-3-4所示页面。

商品管理 / 商品添加

商品序号	商品编号	商品名称	商品原价	商品现价	商品库存	商品销量	商品浏览量	商品描述	操作
1	0020	华为Matebook XPro 2021款	7999	6999	10000	10000	10	华为Matebook XPro 2021款	编辑 删除
2	0030	iPhone 13系列	6199	5189	20000	20000	8	2021新款 iPhone 13系列	编辑 删除
3	0040	OPPO Reno6Pro	3799	3189	8767	8767	4	OPPO新款手机	编辑 删除
4	0050	苹果iPhone 12	3900	3529	7676	7676	6	Apple/苹果国行双卡	编辑 删除
5	0060	Apple MacBook Pro	23499	23480	545	54	2	2021款M1芯片	编辑 删除

图 3-3-4　商品列表流程图

步骤4： 删除商品功能开发。

（1）创建删除函数goods_delete()。

```
def goods_delete(request):
    pass
```

（2）在Seller的urls.py文件中添加删除商品路由goods_delete。

```
path('goods_delete/', views.goods_delete)
```

（3）根据图3-3-5所示流程图，完善视图函数goods_delete()，代码如下：

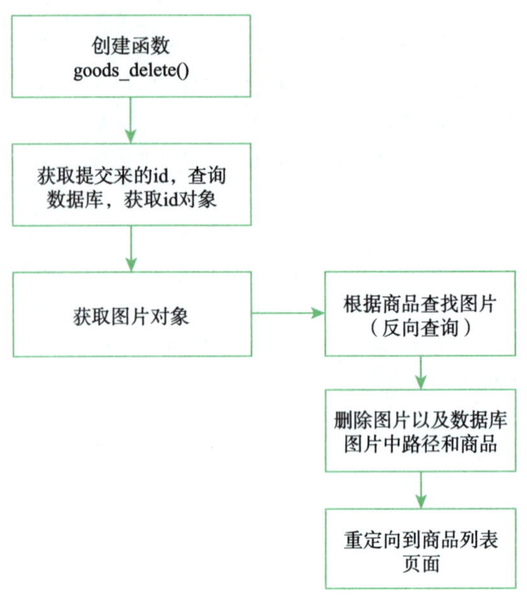

图 3-3-5　删除商品流程图

```
def goods_delete(request):
    # 1. 获取提交过来的 id
    id = request.GET.get('id')
    # 2. 查询数据库
    # 获取商品对象
    goods_obj = models.Goods.objects.get(id=id)
    # 获取图片对象，根据商品图片反向查询
    image_obj_list = goods_obj.image_set.all()    # 获取商品对应的所有图片对象
    # (1) 删除图片
    # (a) 先删除保存的图片
    for image_obj in image_obj_list:
        path = 'Seller/static/' + image_obj.img_address.name  # 获取路径
        # seller/images/ 苹果 _0.jpg
        os.remove(path)
    # (b) 删除数据库保存的图片路径
    image_obj_list.delete()
    # (2) 删除商品
    goods_obj.delete()
    # 3. 重定向到商品列表
    return redirect('/Seller/goods_list/')
```

在goods_delete()函数前使用装饰器（seller_decorator），获取页面中选中id，删除该id记录，重新定向到商品列表。

步骤5: 修改商品功能开发。

（1）创建修改商品函数goods_change()。

```
def tgoods_change (request):
    pass
```

（2）在Seller的urls.py文件中添加修改商品路由goods_change。

```
path('goods_change/', views. goods_change)
```

（3）根据图3-3-6所示流程图，完善视图函数goods_change()的功能，代码如下：

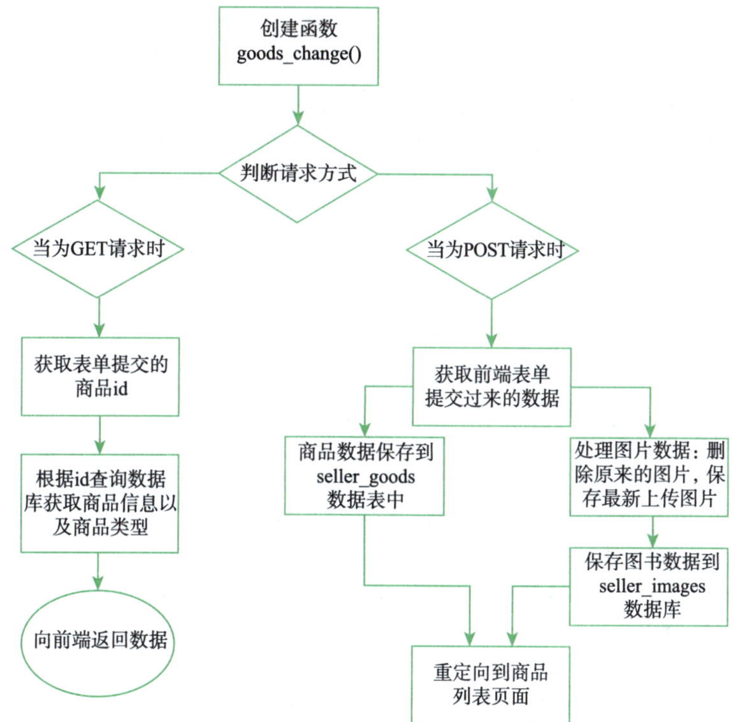

图 3-3-6　修改商品流程图

```
def goods_change(request):
    if request.method == 'GET':
        # 1. 获取提交过来的 id
        id = request.GET.get('id')
        # 2. 查询数据库
        # (1) 获取对应商品信息
        goods_obj = models.Goods.objects.get(id=id)
        # (2) 获取商品类型
        type_obj_list = models.Type.objects.all()
        return render(request, 'seller/good_change.html', {'goods_obj': goods_
obj, 'type_obj_list': type_obj_list})
    else:
        """post 请求 """
         # a. 获取表单提交过来的内容
```

```
goods_id = request.POST.get('id')              # 商品的唯一标识 id
goods_num = request.POST.get('goods_num')           # 商品编号
goods_name = request.POST.get('goods_name')         # 商品名称
goods_oprice = request.POST.get('goods_oprice') # 商品原价
goods_xprice = request.POST.get('goods_xprice') # 商品现价
goods_count = request.POST.get('goods_count')       # 商品库存
goods_sales = request.POST.get('goods_sales')       # 商品销量
goods_description = request.POST.get('goods_description')  # 商品描述
goods_type_id = request.POST.get('goods_type')      # 商品类型的 id
goods_content = request.POST.get('goods_content') # 商品详情
# 注意上传字段使用 FILES.getlist() 获取多张图片
userfiles = request.FILES.getlist('userfiles')      # 商品缩略图

# b. 根据 id 查询出对应的记录，进行修改，保存
# ret=models.Goods.objects.filter(id=goods_id).update()
# 注意 : ret 表示更新后影响的记录的条数
goods_obj = models.Goods.objects.get(id=goods_id)
print(goods_obj.goods_name)
goods_obj.goods_num = goods_num
goods_obj.goods_name = goods_name
goods_obj.goods_oprice = goods_oprice
goods_obj.goods_cprice = goods_xprice
goods_obj.goods_kucun = goods_count
goods_obj.goods_sales = goods_sales
goods_obj.goods_description = goods_description
goods_obj.goods_details = goods_content
goods_obj.types = models.Type.objects.get(id=goods_type_id)
goods_obj.seller_id = request.session.get('id')
goods_obj.save()
# c. 删除原来的图片
image_obj_list = goods_obj.image_set.all()  # 获取所有商品对应的图片
# 先删除保存的图片
for image_obj in image_obj_list:
    path = 'Seller/static/' + image_obj.img_address.name
    os.remove(path)
# 删除数据库保存的图片路径
image_obj_list.delete()

# d. 读取上传的图片保存到项目中
for index, image_obj in enumerate(userfiles):
    name = image_obj.name.rsplit('.', 1)[1]
    path = 'Seller/static/seller/images/{}_{}.{}'.format(goods_name,
index, name)
```

```
        with open(path, mode='wb') as f:
            for content in image_obj.chunks():
                f.write(content)

        # e. 保存图片路径到数据库
        obj_image = models.Image()
        path1 = 'seller/images/{}_{}.{}'.format(goods_name, index, name)
        obj_image.img_address = path1
        obj_image.img_label = image_obj.name  # 图片原名称
        obj_image.goods = goods_obj           # 设置图片和商品的关系
        obj_image.save()
    # f. 重定向商品列表页面
    return redirect('/Seller/goods_list/')
```

在goods_change()视图函数前使用装饰器（seller_decorator），若为GET请求，获取前端传过来的id，根据id查询商品信息并将数据返回到页面上。若为POST请求，获取表单提交过来的内容，根据id 查找数据库中对应商品的数据修改并保存，处理图片数据，重定向到商品列表页面。

（4）修改商品good_change.html的前端代码如下：

```
{% load static %}
<!DOCTYPE html>
<html>
<head>
    <meta charset="UTF-8">
    <title>全球生鲜卖家管理后台</title>
    <link rel="stylesheet" href="{% static 'seller/css/font.css' %}">
    <link rel="stylesheet" href="{% static 'seller/css/xadmin.css' %}">
    <script type="text/javascript" src="{% static 'seller/js/jquery.
min.js'%}"></script>
    <script type="text/javascript" src="{% static 'seller/lib/layui/
layui.js' %}" charset="utf-8"></script>
    <script type="text/javascript" src="{% static 'seller/js/xadmin.js' %}">
</script>
</head>
<body>
<div class="x-nav">
      <span class="layui-breadcrumb">
        <a href="">商品管理</a>
        <a href="/Seller/goods_list/">商品列表</a>
      </span>
</div>
<div class="x-body layui-anim layui-anim-up">
    <!-- 填充 form 表单 -->
```

```
    <!-- 1. 创建一个 form 标签，用来提交请求参数
        自己补全属性：method、action
        给出属性：class="layui-form", enctype="multipart/form-data"
      -->
    <form class="layui-form" method="post" action="/Seller/goods_change/"
enctype="multipart/form-data">
        <!-- 2. 书写伪装提交请求功能的代码 -->
        {% csrf_token %}
        <!-- 3. 创建一个隐藏 input 标签，用来隐藏商品 id
            自己补全属性：name、type、value
            给出属性：无
          -->
        <input type="hidden" name="id" value="{{ goods_obj.id }}">
        <div class="layui-form-item">
            <label for="L_email" class="layui-form-label">
                <span class="x-red">*</span> 商品编号
            </label>
            <div class="layui-input-inline">
                <!-- 4. 创建一个 input 标签，用来显示并输入商品编号
                    自己补全属性：name、type、value
                    给出属性：id="L_email", required="", autocomplete="off",
class="layui-input"-->
                <input type="text" id="L_email" name="goods_num" required=" "
autocomplete="off" class="layui-input" value="{{ goods_obj.goods_num }}">
            </div>
        </div>

        <div class="layui-form-item">
            <label for="L_username" class="layui-form-label">
                <span class="x-red">*</span> 商品名称
            </label>
            <div class="layui-input-inline">
                <!-- 5. 创建一个 input 标签，用来显示并输入商品名称
                    自己补全属性：name、type、value
                    给出属性：id="L_username", required="", autocomplete="off",
class="layui-input"-->
                <input type="text" id="L_username" name="goods_name" required=" "
autocomplete="off" class="layui-input" value="{{ goods_obj.goods_name }}">

            </div>
        </div>

        <div class="layui-form-item">
            <label for="L_pass" class="layui-form-label">
```

```
                <span class="x-red">*</span> 商品原价
            </label>
            <div class="layui-input-inline">
                <!-- 6.创建一个 input 标签，用来显示并输入商品原价
                     自己补全属性：name、type、value
                     给出属性：id="L_pass", required="", autocomplete="off",
class="layui-input"-->
                <input type="text" id="L_pass" name="goods_oprice" required=" "
autocomplete="off" class="layui-input" value="{{ goods_obj.goods_oprice }}">
            </div>
        </div>

        <div class="layui-form-item">
            <label for="L_repass" class="layui-form-label">
                <span class="x-red">*</span> 商品现价
            </label>
            <div class="layui-input-inline">
                <!-- 7.创建一个 input 标签，用来显示并输入商品现价
                     自己补全属性：name、type、value
                     给出属性：id="L_repass", required="", autocomplete="off",
class="layui-input"-->
                <input type="text" id="L_repass" name="goods_xprice" required=" "
autocomplete="off" class="layui-input" value="{{ goods_obj.goods_cprice }}">
            </div>
        </div>

        <div class="layui-form-item">
            <label for="L_repass" class="layui-form-label">
                <span class="x-red">*</span> 商品库存
            </label>
            <div class="layui-input-inline">
                <!-- 8.创建一个 input 标签，用来显示并输入商品库存
                     自己补全属性：name、type、value
                     给出属性：id="L_repass", required="",
autocomplete="off", class="layui-input"-->
                <input type="text" id="L_repass" name="goods_count"
required=""autocomplete="off" class="layui-input" value="{{ goods_obj.
goods_kucun }}">
            </div>

        </div>

        <div class="layui-form-item">
            <label for="L_repass" class="layui-form-label">
```

```
                <span class="x-red">*</span> 商品销量
            </label>
            <div class="layui-input-inline">
                <!-- 9. 创建一个 input 标签，用来显示并输入商品销量
                     自己补全属性：name、type、value
                     给出属性：id="L_repass", required="", autocomplete="off",
class="layui-input"-->
                <input type="text" id="L_repass" name="goods_sales" required=" "
autocomplete="off" class="layui-input" value="{{ goods_obj.goods_kucun }}">
            </div>
        </div>

        <div class="layui-form-item">
            <label for="L_repass" class="layui-form-label">
                <span class="x-red">*</span> 商品描述
            </label>
            <div class="layui-input-inline">
                <!-- 10. 创建一个 input 标签，用来显示并输入商品描述
                     自己补全属性：name、type、value
                     给出属性：id="L_repass", required="", autocomplete="off",
class="layui-input"-->
                <input type="text" id="L_repass" name="goods_description"
required=" "autocomplete="off" class="layui-input" value="{{ goods_obj.
goods_description }}">
            </div>
        </div>

        <div class="layui-form-item">
            <label for="L_repass" class="layui-form-label">
                <span class="x-red">*</span> 商品缩略图
            </label>
            <div class="layui-input-inline">
                <!-- 11. 创建一个 input 标签，用来上传一个图片
                     自己补全属性：name、type、value
                     给出属性：id="L_repass", required="", autocomplete="off",
class="layui-input", multiple
                -->
                <input type="file" id="L_repass" name="userfiles" required=""

autocomplete="off" class="layui-input" multiple>
            </div>
        </div>

        <div class="layui-form-item">
```

```
        <label for="L_repass" class="layui-form-label">
            <span class="x-red">*</span>商品类型
        </label>
        <div class="layui-input-inline">
            <!-- 12. 创建一个 select 标签，用来显示并选择商品类型
                自己补全属性：name、type、value
                给出属性：id="L_repass", required="", autocomplete="off",
class="layui-input"
                提示：option 标签中加入 selected="selected" 属性，那么此标
签就为默认值
            -->
            <select id="L_repass" name="goods_type" required=""
autocomplete="off" class="layui-input">
                {% for type_obj in type_obj_list %}
                    {% if type_obj.id == goods_obj.types.id %}
                        <option selected value="{{ type_obj.id }}">
{{ type_obj.name }}</option>
                    {% else %}
                        <option value="{{ type_obj.id }}">{{ type_obj.
name }}</option>
                    {% endif %}
                {% endfor %}
            </select>
        </div>
    </div>

    <div class="layui-form-item layui-form-text">
        <label for="desc" class="layui-form-label">
            商品详情
        </label>
        <div class="layui-input-block">
            <!-- 13. 创建一个 textarea 标签，用来显示并输入商品详情
                自己补全属性：name
                给出属性：placeholder="请输入内容", id="desc", class=
"layui-textarea", required=""
            -->
            <textarea placeholder="请输入内容" id="desc" name="goods_
content" class="layui-textarea" required="">{{ goods_obj.goods_details }}</textarea>
        </div>
    </div>

    <div class="layui-form-item">
        <label for="L_repass" class="layui-form-label">
```

```
                </label>
                <!-- 14. 创建一个 input 标签，用来设置提交按钮（命名：保存）
                    自己补全属性：type、value
                    给出属性：class="layui-btn", lay-filter="add", lay-submit=""
                -->
                <input type="submit" class="layui-btn" lay-filter="add" lay-submit=" "
value=" 保存 "/>

            </div>
        <!-- form 标签在此处结束 -->
        </form>
    </div>

    <script>
        CKEDITOR.replace('goods_content', {uiColor: '#FFFFFF'})
    </script>

    </body>

    </html>
```

完成开发后启动服务，若成功，会出现图3-3-7所示页面。

图 3-3-7　修改商品页面

步骤6: 码云提交代码，TAPD提交任务。

【商品操作】考评记录

姓名		完成日期	
序号	考核内容	标准分	评分
1	在TAPD中查看任务，从码云中拉取代码	10	
2	完成添加商品功能开发	20	
3	完成商品列表功能开发	20	
4	完成删除商品功能开发	20	
5	完成修改商品功能开发	20	
6	码云提交代码，TAPD提交任务	10	
总评分		100	

任务实现心得：

思考题

1. 买家如何将商品图片保存到项目服务器中？
2. 买家在修改商品信息时，图片会不会被删除？

学习笔记

单元 4 买家模块开发

卖家模块基本开发完毕，本单元进行买家模块的开发。该模块的主要功能有商城首页、买家登录注册、买家个人中心、商品及详情页、购物车和下单支付功能。

学习目标

通过本单元的学习，使学生掌握购物车开发和支付宝支付接口开发相关知识，培养学生进行第三方接口开发的能力。

任务 1 商城首页和买家登录注册

任务描述

情境描述	同学们完成了卖家模块的开发后热情高涨，虽然期间遇到很多问题，但是都一一解决了，并且学到了很多课本上学不到的知识。同学们经过卖家模块开发的锤炼后，已经能够逐渐独立解决问题。 这次他们完成卖家模块开发后主动向聂老师汇报相关情况，一一总结各自遇到的难题及解决方式，收获不小。 会后聂老师在TAPD上发布了新的任务：商城首页和买家登录注册模块开发。对于已经完成卖家模块开发任务的同学们来说熟门熟路，大家立刻展开工作
任务分解	分析上面的工作情境，将任务分解如下： 1．商城首页功能开发。 2．买家注册功能开发。 3．买家登录功能开发
任务准备	1．掌握数据库操作知识。 2．了解商城的功能。 3．已完成卖家模块的开发

任务目标

知识目标	1．掌握商城首页功能开发方法。 2．掌握买家登录注册功能开发方法
技能目标	1．能够独立完成需求清单上的功能。 2．能够使用流程控制语句开发
素养目标	细心：本任务中定义了很多模型类，可能会对数据表之间的关系理解不到位，造成后面项目无法开发，所以开发过程中一定要细心

任务实现

步骤1： 在TAPD中领取任务，从码云仓库拉取代码。

步骤2： 创建Buyer应用。

在项目文件夹中使用命令创建应用，代码如下：

```
python manage.py startapp Buyer
```

步骤3： 在settings.py中注册Buyer应用。

打开settings.py找到第33行，在INSTALLED_APPS的最后一行添加'Buyer.apps.BuyerConfig'。

步骤4： 将买家模块的前端代码添加到项目中。

（1）在Buyer下面创建templates存放模板文件。

（2）将单元3任务1从码云仓库中拉取的e-commerce-website/template/Buyer的前端代码添加到Buyer/templates，添加完之后Buyer应用结构如下：

```
Buyer:.
|   admin.py
|   apps.py
|   models.py
|   tests.py
|   views.py
|   __init__.py
|
├──migrations
|       __init__.py
|
└──templates
        additional_comments.html
        address_add.html
        address_change.html
        address_list.html
        base.html
        car_jump.html
        car_list.html
        enter_order.html
        goods_collect_comments.html
        goods_details.html
        goods_list.html
        history_collect_list.html
```

```
        index.html
        login.html
        my_collect_list.html
        my_comments_list.html
        my_order.html
        register.html
        register_mail.html
        register_plone.html
```

步骤5： 创建static文件夹并添加静态文件。

（1）在Buyer下面创建文件夹static用来存放静态文件。

（2）将单元3任务1从码云拉取的e-commerce-website/static/buyer的静态文件添加到Buyer/static，添加结束后，Buyer项目结构如下：

```
Buyer:.
│  admin.py
│  apps.py
│  models.py
│  tests.py
│  views.py
│  __init__.py
│
├─migrations
│      __init__.py
│
├─static
│  └─buyer
│      ├─css
│      │      index.css
│      │
│      ├─images
│      │      banner.png
│      │      banner1.jpg
│      │      banner2.jpg
│      │      bb.png
│      │      f.png
│      │      huiyuan.png
│      │      logo3668.jpg
│      │      r.png
│      │      register003.png
│      │
│      └─jq
│             jquery.min.js
```

```
│
└─ templates
        additional_comments.html
        address_add.html
        address_change.html
        address_list.html
        base.html
        car_jump.html
        car_list.html
        enter_order.html
        goods_collect_comments.html
        goods_details.html
        goods_list.html
        history_collect_list.html
        index.html
        login.html
        my_collect_list.html
        my_comments_list.html
        my_order.html
        register.html
        register_mail.html
        register_plone.html
```

步骤6: MySQL数据库迁移。

（1）在买家的Buyer/model.py中创建模型类，代码如下：

```
from django.db import models

# 买家注册数据模型
class Buyer(models.Model):
    id = models.AutoField(primary_key=True)
    name = models.CharField(max_length=32)
    password = models.CharField(max_length=32)

# 买家收货地址数据模型
class Address(models.Model):
    id = models.AutoField(primary_key=True)
    receiver = models.CharField(max_length=32)     # 收货人
    address = models.CharField(max_length=128)     # 地址
    phone = models.CharField(max_length=32)        # 电话
    buyer = models.ForeignKey(to='Buyer', on_delete=models.CASCADE)
                                        # 买家和地址一对多关系

# 商品添加进购物车数据模型
```

```
class BuyCar(models.Model):
    goods_id = models.IntegerField()                    # 商品id
    goods_name = models.CharField(max_length=32)  # 商品名称
    goods_price = models.FloatField()                # 商品单价
    goods_num = models.IntegerField()                # 商品数量
    goods_picture = models.CharField(max_length=64)      # 商品缩略图
    buyer = models.ForeignKey(to='Buyer', on_delete=models.CASCADE)
                                    # 对应的当前买家

# 订单表
class Order(models.Model):
    order_num = models.CharField(max_length=32)  # 订单号 日期+随机数，例如
(4)201905138888
    order_time = models.DateTimeField()              # 订单日期
    order_status = models.CharField(max_length=32)  # 未支付1,支付成功2,配置中3
    order_total = models.FloatField()                # 商品总价格
    buyer = models.ForeignKey(to='Buyer', on_delete=models.CASCADE)
                                    # 对应的当前买家
    address = models.ForeignKey(to='Address', on_delete=models.CASCADE)  # 地址

    def __str__(self):
        return "<Goods object:{}-{}-{}-{}>".format(
            self.pk, self.order_num, self.order_time, self.order_status,
            self.order_total, self.buyer, self.address)


# 商品订单表
class OrderGoods(models.Model):
    goods_id = models.IntegerField()                 # 商品id
    goods_name = models.CharField(max_length=32)  # 商品名称
    goods_price = models.FloatField()                # 商品单价
    goods_num = models.IntegerField()                # 商品数量
    goods_picture = models.CharField(max_length=64) # 商品缩略图
    order = models.ForeignKey(to='Order', on_delete=models.CASCADE)

    def __str__(self):
        return "<Goods object:{}-{}-{}-{}>".format(
            self.pk, self.goods_id, self.goods_name, self.goods_price,
            self.goods_num, self.order)

# 商品评论表
class GoodsComments(models.Model):
    comment_state = models.IntegerField()  # 商品评论状态  0差 1良 2优
    comment_statement = models.CharField(max_length=50)  # 商品评论语句
```

```
    comment_time = models.DateTimeField()                    # 评论日期
    buyer = models.ForeignKey(to='Buyer', on_delete=models.CASCADE)
                                      # 多个评论对应着一个买家
    goods = models.ForeignKey(to='Seller.Goods', on_delete=models.CASCADE)
                                      # 多个评论对应着一个商品

    def __str__(self):
        return "<Goods object:{}-{}-{}-{}>".format(
            self.pk, self.comment_state, self.comment_statement, self.comment_time)

# 商品收藏表
class GoodsCollect(models.Model):
    collect_state = models.IntegerField()                    # 商品收藏状态
    buyer = models.ForeignKey(to='Buyer', on_delete=models.CASCADE)
                                      # 一个收藏对应着一个买家
    goods = models.ForeignKey(to='Seller.Goods', on_delete=models.CASCADE)
                                      # 一个收藏对应着一个商品

    def __str__(self):
        return "<Goods object:{}-{}-{}-{}>".format(
            self.pk, self.collect_state, self.buyer_id, self.goods_id)
```

（2）同步数据库，命令如下：

```
Python mange.py makemigrations
Python mange.py migrate
```

视　频

商城首页开发

步骤7： 商城首页开发。

（1）在应用Buyer中新建一个urls.py文件。

（2）在主路由electronicbusinesswebsite/urls.py中添加买家子路由，代码如下：

```
from django.contrib import admin
from django.urls import path, include, re_path
from Buyer import views as Buyer_views

urlpatterns = [
    path('Seller/', include("Seller.urls")),
    path('Buyer/', include("Buyer.urls")),
]
```

（3）在Buyer/view.py文件中创建视图函数index()，代码如下：

```
def index(request):
    pass
```

(4) 在Buyer/urls.py文件中添加路由index，代码如下:

```
from django.urls import path
from Buyer import views
urlpatterns = [
    path('index/', views.index ),]
```

(5) 在主路由electronicbusinesswebsite/urls.py中导入买家视图文件，使用正则表达式设置买家index路由，绑定买家首页面视图函数。

```
from django.contrib import admin
from django.urls import path, include, re_path
from Buyer import views as Buyer_views

urlpatterns = [
    path('Seller/', include("Seller.urls")),
    path('Buyer/', include("Buyer.urls")),
    re_path(r'^$', Buyer_views.index)
]
```

(6) 根据图4-1-1所示流程图，完善视图函数index()的功能，代码如下：

图 4-1-1　商家首页流程图

```
def index(request):
    # 1. 获取所有商品（从后台的数据库中获取）
    goods_obj_list = seller_models.Goods.objects.all()
    # 商品和图片，一对多
    # goods_obj_list[0].image_set.first().img_address.name
    return render(request, 'index.html', locals())
```

获取Goods中所有商品信息，并将数据传至商城首页。

(7) 商城首页index.html的前端代码如下：

```
{% extends "base.html" %}
{% load static %}
{% block content %}
    <div id="lunbo"></div>
    <div class="shop_list">
```

```
        <div class="list1_box">
            {% for goods_obj in goods_obj_list %}
                <div class="list_box">
                    <dl>
                        <!-- 完善a标签href属性 -->
                        <a href="/Buyer/goods_details/?id={{ goods_obj.id }}">
                            <!-- 完善img标签src属性 -->
                            <dt><img src="{% static goods_obj.image_set.first.
img_address.name %}"/></dt>
                            <dd align="center">
                                <!-- 须传入商品名称 -->
                                <p>{{ goods_obj.goods_name }}</p>
                                <!-- 须传入商品价格 -->
                                <p>¥{{ goods_obj.goods_cprice }}元</p>
                            </dd>
                        </a>
                    </dl>
                </div>
            {% endfor %}
        </div>
    </div>
{% endblock %}
```

完成开发后启动服务，若成功，会出现图4-1-2所示页面。

图 4-1-2　商城首页页面

步骤8： 买家注册功能开发。

(1) 在Buyer中创建一个买家注册功能的视图函数register()，代码如下：

```
def register(request):
    pass
```

（2）在Buyer/urls.py中添加买家注册函数的路由。

```
path('register/', views.register)
```

（3）根据图4-1-3所示的流程图，完善视图函数register()的功能，代码如下：

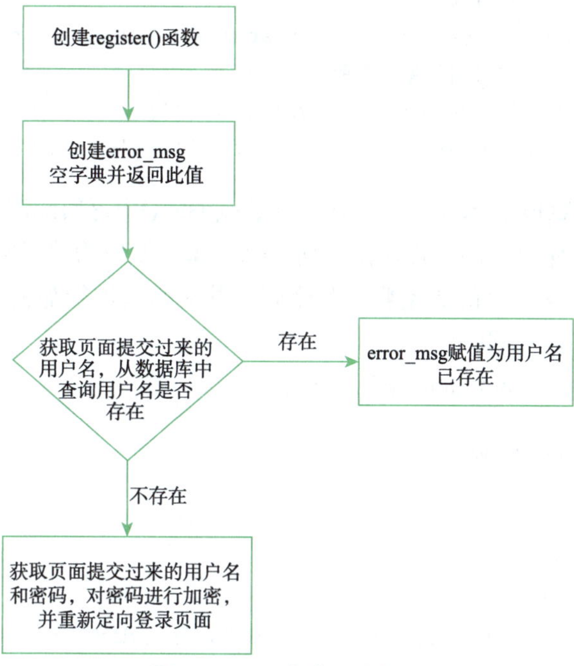

图 4-1-3　买家注册流程图

```
def pwd_encrypt(password):
    md5 = hashlib.md5()                    # 获取 md5 对象
    # 进行更新，注意需要使用字符串的二进制格式（进行加密操作）
    md5.update(password.encode())
    result = md5.hexdigest()               # 获取加密后的内容
    return result


def register(request):
    error_msg = {}
    # 1. 获取提交过来的内容
    username = request.POST.get('username')
    # 2. 去数据库中查询
    ret = models.Buyer.objects.filter(name=username)  # QuerySet 对象
    if ret:
        """ 买家账户已存在！ """
        error_msg['username'] = '买家账户已存在！'
    else:
        if request.method == 'POST':
            # (1) 获取表单提交过来的内容
```

```
            username = request.POST.get('username')
            userpass = request.POST.get('userpass')
            # (2) 密码加密
            userpass = pwd_encrypt(userpass)
            # (3) 保存数据库
            models.Buyer.objects.create(name=username, password=userpass)
            # (4) 重定向到登录页面
            return redirect('/Buyer/login/')
    return render(request, 'register.html', {'error_msg': error_msg})
```

创建一个空字典赋值给error_msg，并在函数register()中返回此值。获取页面提交过来的买家账户并在数据库中查询，若存在，则为error_msg赋值为“买家账户已存在”。若不存在则获取页面中提交过来的买家账户和密码，并对密码进行加密（加密函数与卖家一样），然后重新定向到登录页面。

（4）买家注册register.html的前端代码如下：

```
{% extends "base.html" %}
{% load static %}

{% block content %}
    <div class="users_box">
        <div class="users_box_top">会员注册</div>
        <div class="users_box_bottom">
            <div class="box_bottom_left"><img src="{% static 'buyer/images/
huiyuan.png' %}"/></div>
            <div class="box_bottom_right">
                <!-- 填充form表单 -->
                <!-- 1.创建一个form标签，用来提交请求参数
                    自己补全属性：method、action
                    给出属性：无
                 -->
                <form method="post" action="/Buyer/register/">
                    <!-- 2.书写伪装提交请求功能的代码 -->
                    {% csrf_token %}
                    <div>
                        用户名:<input type="text" name="username" placeholder=
"请输入用户名" required="" id="zhuce" class="input">
                        <!-- 3.传入视图函数传来的报错提示信息 -->
                        <span style="color: red; font-size: 16px">{{ error_
msg.username }}</span>
                    </div>
                    <div>
                        密  码：<input type="password" name="userpass"
placeholder="请输入密码" required="" class="input">
```

```
                        </div>
                        <div>
                            <input type="submit" id="submit" value=" 注册会员 "
class="gouwu"/>
                        </div>
                    </form>

                </div>
            </div>
        </div>
    {% endblock %}
```

完成开发后启动服务，若成功，会出现图4-1-4所示页面。

图 4-1-4　买家注册页面

步骤9： 买家登录功能开发。

视　频

买家登录模块开发

（1）在Buyer中创建一个买家登录的视图函数login()，代码如下：

```
def login(request):
    pass
```

（2）在Seller/urls.py中添加登录路由login。

```
path('login/', views.login)
```

（3）根据图4-1-5所示流程图，完善视图函数login()的功能，代码如下：

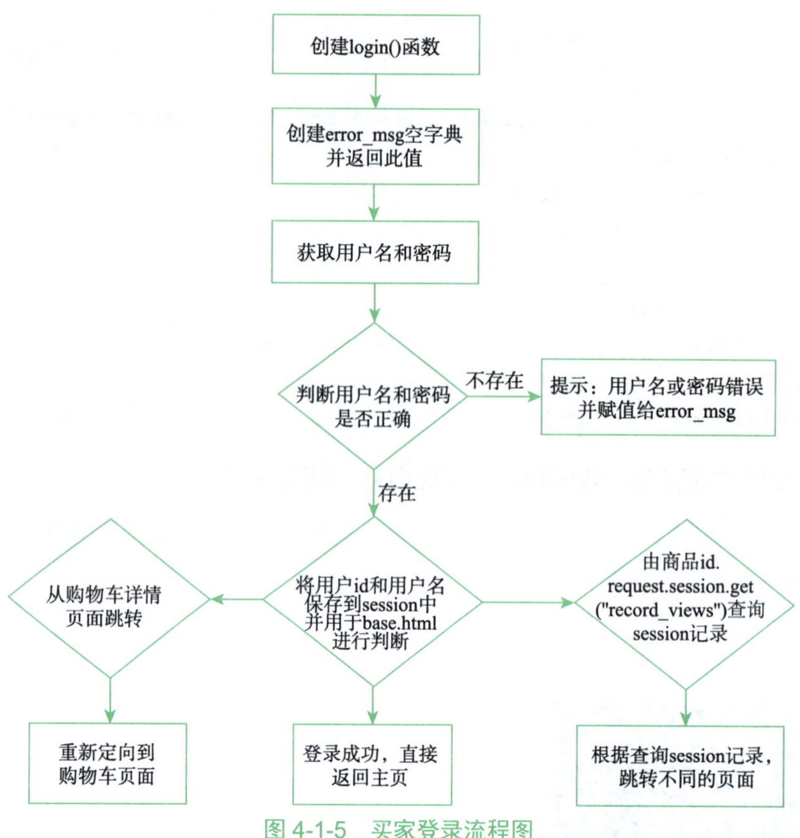

图 4-1-5　买家登录流程图

```
def login(request):
    error_msg = {}
    if request.method == 'POST':
        # 1. 获取提交过来的内容
        username = request.POST.get('username')
        userpass = request.POST.get('userpass')
        # 2. 对密码进行加密
        userpass = pwd_encrypt(userpass)
        # 3. 去数据库中查询
        ret = models.Buyer.objects.filter(name=username)      # QuerySet 对象
        if ret:
            """ 买家账户正确 """
            password = ret[0].password
            if userpass == password:
                """ 密码正确 """
                # 将登录的买家的 id 保存到 session 中
                request.session['buyer_id'] = ret[0].id
                # 将买家账户保存到 session 中，用于 base.html 中的判断
                request.session['username'] = username
                # 如果是从购物详情页面跳转过来的，然后重定向到购物车页面
```

```
                goods_id = request.session.get('goods_id')

                if goods_id:
                    """如果有商品id"""
                    # request.session.get("record_views") 查询session记
录的是那个页面的转跳
                    if request.session.get("record_views") == "car_jump":
                        """购物车页面跳转"""
                        del request.session["record_views"]
                        return redirect('/Buyer/car_jump/?id=' + str(goods_id))
                    elif request.session.get("record_views") == "send_comment":
                        """商品评论页面跳转"""
                        del request.session["record_views"]
                        return redirect('/Buyer/send_comment/?id=' + str(goods_id))
                    elif request.session.get("record_views") == "goods_collection":
                        """商品收藏页面跳转"""
                        del request.session["record_views"]
                        return redirect('/Buyer/goods_collection/?id='
+ str(goods_id))
                else:
                    # 如果开始就登录了，然后返回到首页
                    return redirect('/Buyer/index/')
            else:
                """密码错误"""
                error_msg['password'] = '亲，密码错误'
        else:
            """买家账户错误"""
            error_msg['username'] = '买家账户错误'
    return render(request, 'login.html', {'error_msg': error_msg})
```

创建一个空字典赋值给error_msg，并在login中返回此值。获取提交过来的内容（买家账户和密码），判断买家账户和密码是否正确，若正确将买家id保存到session中；若错误，提示买家账户错误或者密码错误，并赋值给error_msg。

若买家账户未登录，买家从购物车单击商品详情页面时会跳转到登录页，待买家登录后重新定向到购物车页面。

同样，凡是买家账户未登录时对系统进行操作，都会先跳转至登录页，待买家登录后再重定向至登录前的页面。

（4）买家登录login.html的前端代码如下：

```
{% extends "base.html" %}
{% load static %}
{% block content %}
```

```
    <div class="users_box">
        <div class="users_box_top">会员登录</div>
        <div class="users_box_bottom">
            <div class="box_bottom_left"><img src="{% static 'buyer/images/
register003.png' %}"/></div>
            <div class="box_bottom_right">
                <!-- 填充form表单 -->
                <!-- 1.创建一个form标签，用来提交请求参数
                    自己补全属性：method、action
                    给出属性：无
                 -->
                <form method="post" action="/Buyer/login/">
                    <!-- 2.书写伪装提交请求功能的代码 -->
                    {% csrf_token %}
                    <div>
                        用户名：<input type="text" name="username" placeholder=
"请输入用户名" class="input"/>
                        <!-- 3.传入视图函数传来的报错提示信息 -->
                        <span style="color: red">{{ error_msg.username }}
</span>
                    </div>
                    <div>
                        密码：<input type="password" name="userpass"placeholder=
"请输入密码" class="input"/>
                        <!-- 4.传入视图函数传来的报错提示信息 -->
                        <span style="color: #ff0000">{{ error_msg.password }}
</span>
                    </div>
                    <div>
                        <input type="submit" value="登录" class="gouwu"/>
                    </div>
                </form>
            </div>
        </div>
    </div>

{% endblock %}
```

完成开发后启动服务，若成功，会出现图4-1-6所示页面。

图 4-1-6 买家登录页面

步骤10: 买家退出功能开发。

(1) 在Buyer中创建一个买家退出视图函数logout(),代码如下:

```
def logout(request):
    pass
```

(2) 在Buyer/urls.py中添加买家退出函数路由logout。

```
path('logout/', views.logout)
```

(3) 根据图4-1-7所示流程图,完善视图函数logout()的功能,代码如下:

```
def logout(request):
    # 1. 删除 session
    request.session.flush()
    # 2. 重定向到首页
    return redirect('/Buyer/index/')
```

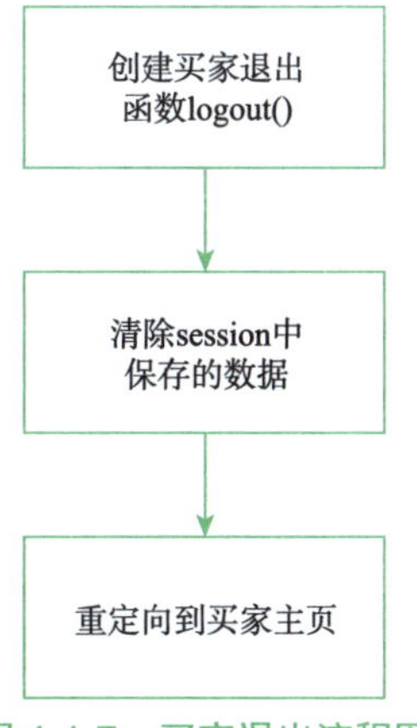

图 4-1-7 买家退出流程图

步骤11: 码云提交代码,TAPD提交任务。

任务考评

【商城首页和买家登录注册】考评记录

姓名		完成日期	
序号	考核内容	标准分	评分
1	在TAPD中查看任务，从码云中拉取代码	5	
2	成功创建Buyer应用	10	
3	成功注册Buyer应用	10	
4	成功添加买家模块的前端代码到项目中	10	
5	成功创建static文件并添加到静态文件	10	
6	完成MySQL数据库迁移	10	
7	完成商城首页功能开发	10	
8	完成买家注册功能开发	10	
9	完成买家登录功能开发	10	
10	完成买家退出功能开发	10	
11	码云提交代码，TAPD提交任务	5	
总评分		100	

任务实现心得：

思考题

1. 项目中 templates 和 static 文件夹的作用分别有哪些?
2. 注册登录的开发中，为什么要把买家账户、昵称和 id 保存到 session 中?
3. 买家退出操作的原理是什么?

学习笔记

任务2 买家个人中心

任务描述

情境描述	经过了这么久的项目开发，同学们已经初步掌握实际项目开发的要领，对于项目开发过程已经略有心得。聂老师看到同学们成长如此之快，心里非常欣慰，不过买家个人中心相较于其他模块更为复杂，复杂在它需要建立多个数据表之间的联系。因此聂老师嘱咐同学们在开发这一部分时，一定要理清楚数据表之间的关系
任务分解	分析上面的工作情境，将任务分解如下： 1．买家地址增删改查功能开发。 2．买家评论增删改查功能开发。 3．买家商品收藏功能开发。 4．买家商品历史收藏功能开发
任务准备	1．已完成买家登录注册和商城首页开发。 2．了解商城与买家个人中心之间的关系

任务目标

知识目标	1．掌握买家个人中心的开发原理。 2．掌握Web请求流程在开发中的使用方法
技能目标	1．能根据流程图进行项目开发。 2．会进行多模块的项目开发
素养目标	工程思维：通过买家个人中心多功能开发，解决多路由和视图函数的调用报错，提高工程逻辑思维

任务实现

步骤1： 在TAPD中领取任务，从码云仓库拉取代码。

步骤2： 买家地址列表功能开发。

（1）在Buyer中创建一个买家地址列表视图函数address_list()，代码如下：

```
def address_list(request):
    pass
```

（2）在Buyer/urls.py中添加买家地址列表的路由。

```
path('address_list/', views.address_list)
```

(3) 根据图4-2-1所示流程图，完善视图函数address_list()的功能，代码如下：

```
def address_list(request):
    # 1. 获取数据库中的所有数据
    # 获取当前买家的 id
    buyer_id = request.session.get('buyer_id')
    address_obj_list = models.Address.objects.filter(buyer_id=buyer_id)
    # 2. 返回页面
    return render(request, 'address_list.html', locals())
```

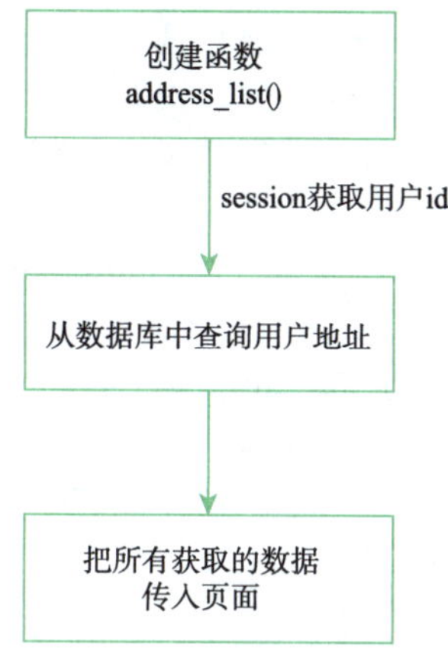

图 4-2-1　买家地址列表流程图

根据从session中获取到的买家id，从数据库中获取该买家的所有数据，并将数据传入页面，返回页面。

(4) 买家地址列表address_list.html的前端代码如下：

```
{% extends "base.html" %}

{% load static %}

{% block content %}
    <div class="cart_list">
        <div class="cart_top">
            我的地址
            <span style="float: right;">
                <button class="btn">
                    <!-- 须完善 a 标签 href 属性 -->
                    <a href="/Buyer/address_add/" style="color: white;">
新增地址 </a>
                </button>
            </span>
```

```
        </div>
        <div class="cart_listbox">
            <table width="100%" cellpadding="0" cellspacing="0" border='0px'>
                <tr>
                    <th width='10%'>
                        <input type="checkbox" id="all"
                               style="margin-top: 20px; margin-left:
10px;width: 24px; height: 24px;">
                    </th>
                    <th width='10%'>收货人</th>
                    <th width='10%'>电话</th>
                    <th width='60%'>地址</th>
                    <th width='10%'>操作</th>
                </tr>
                {% for address_obj in address_obj_list %}
                    <tr>
                        <th width='10%'>
                            <input type="checkbox" id="all"
                                   style="margin-top: 20px; margin-left:
10px;width: 24px; height: 24px;">
                        </th>
                        <!-- 须传入收货人姓名 -->
                        <th width='10%'>{{ address_obj.receiver }}</th>
                        <!-- 须传入收货人电话 -->
                        <th width='10%'>{{ address_obj.phone }}</th>
                        <!-- 须传入收货人地址 -->
                        <th width='70%'>{{ address_obj.address }}</th>
                        <th width='70%'>
                            <!-- 须传入收货地址表的 id -->
                            <a href="/Buyer/address_change/?id={{
address_obj.id }}">修改</a>
                            <!-- 须传入收货地址表的 id -->
                            <a href="/Buyer/address_delete/?id={{
address_obj.id }}">删除</a>
                        </th>
                    </tr>
                {% endfor %}
            </table>
        </div>
    </div>

    <script>
        function submit() {
            var inputs = document.getElementsByName("checkbox");
```

```
            var result = "/buyer/enter_order?";
            for (var i = 0; i < inputs.length; i++) {
                if (inputs[i].checked) {
                    result += "key_" + i + "=" + inputs[i].value + "&"
                }
            }
            window.location.href = result.slice(0, -1)
        }

        function check(selector) {
            return document.querySelector(selector)      //捕获的是一个数组
        }

        check("#all").onclick = function () {
            var input = document.getElementsByName("checkbox");
            for (var i = 0; i < input.length; i++) {
                input[i].checked = this.checked      //this 执行函数的对象
checked 属性，返回当中选中的状态，也可以赋值使用
            }
        };
        var inputs = document.getElementsByName("checkbox");
        for (var i = 0; i < inputs.length; i++) {
            inputs[i].onclick = function () {
                var flag = true;
                /*flag = false 底下的复选框全被选中*/
                for (var j = 0; j < inputs.length; j++) {
                    if (!inputs[j].checked) {
                        flag = false;
                    }
                }
                check('#all').checked = flag;
            }
        }
    </script>
{% endblock %}
```

完成开发后启动服务，若成功，会出现图4-2-2所示页面。

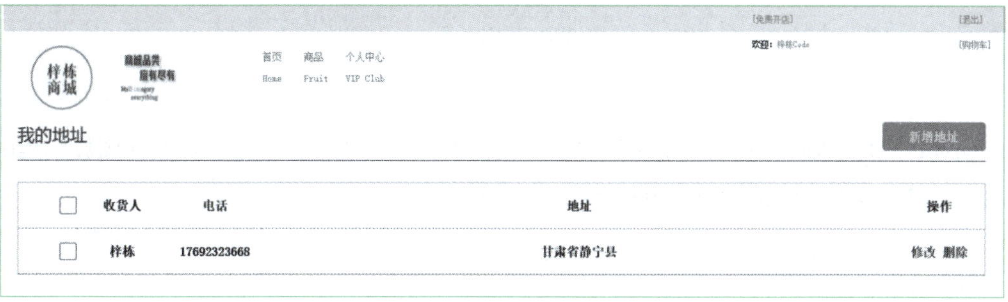

图 4-2-2　买家地址列表页面

步骤3： 添加买家地址功能开发。

（1）在Buyer中创建一个添加买家地址的视图函数address_add()，代码如下：

```
def address_add(request):
    pass
```

（2）在Buyer/urls.py中添加路由address_add。

```
path('address_add/', views.address_add)
```

（3）根据图4-2-3所示流程图，完善视图函数address_add()的功能，代码如下：

```
def address_add(request):
    if request.method == 'POST':
        # 1. 获取表单提交过来的信息
        name = request.POST.get('buyer_name')               # 收件人姓名
        phone = request.POST.get('buyer_phone')             # 电话
        address = request.POST.get('buyer_address')         # 地址
        # 2. 保存到数据库
        models.Address.objects.create(
            receiver=name,
            phone=phone,
            address=address,
            buyer_id=request.session.get('buyer_id')
        )
        # 3. 重定向到地址列表
        return redirect('/Buyer/address_list/')
return render(request, 'address_add.html')
```

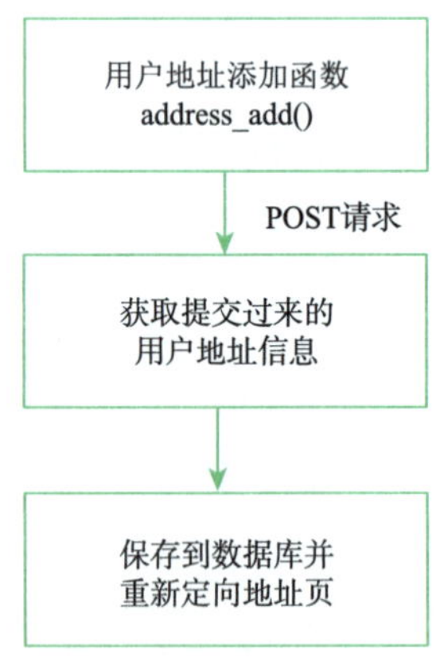

图 4-2-3　添加买家地址流程图

当为POST请求时，获取前端页面提交的收件人姓名、电话、地址，并保存到数据库中。

（4）添加买家地址address_add.html前端代码如下：

```
{% extends "base.html" %}

{% load static %}
```

```
{% block content %}
<div class="store">
    <p> 新增地址 </p>

    <div class="store_box">
        <!-- 填充 form 表单 -->
        <!-- 1. 创建一个 form 标签，用来提交请求参数
            自己补全属性：method、action
            给出属性：无
         -->
        <form method="post" action="/Buyer/address_add/">
            <!-- 2. 书写伪装提交请求功能的代码 -->
            {% csrf_token %}
            <div class="line">
                <label> 收货人姓名 </label>
                <!-- 3. 创建一个 input 标签，用来输入收货人姓名
                    自己补全属性：name、type
                    给出属性：class="input"
                -->
                <input type="text" name="buyer_name" class="input"/>
            </div>
            <div class="line">
                <label> 收货人电话 </label>
                <!-- 4. 创建一个 input 标签，用来输入收货人电话
                    自己补全属性：name、type
                    给出属性：class="input"
                -->
                <input type="text" name="buyer_phone" class="input"/>
            </div>
            <div class="line">
                <label> 收货人地址 </label>
                <!-- 5. 创建一个 input 标签，用来输入收货人地址
                    自己补全属性：name、type
                    给出属性：class="input"

                -->
                <input type="text" name="buyer_address" class="input"/>
            </div>

            <div class="line">
                <!-- 6. 创建一个 input 标签，用来设置提交按钮（命名 ： 新增地址）
                    自己补全属性：type、value
                    给出属性：class="btn"
                -->
```

```
            <input type="submit" value="新增地址" class="btn"/>

        </div>
        <!-- form标签在此处结束 -->
      </form>
    </div>
</div>
{% endblock %}
```

完成开发后启动服务，若成功，会出现图4-2-4所示页面。

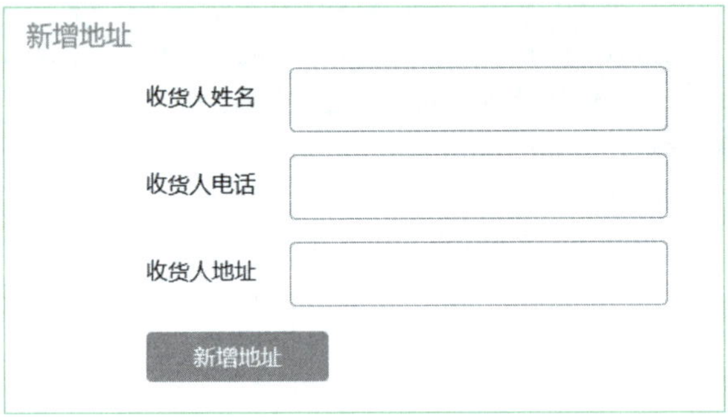

新增地址

收货人姓名

收货人电话

收货人地址

新增地址

图 4-2-4　添加买家地址页面

步骤4： 删除买家地址功能开发。

（1）在Buyer中创建一个删除买家地址的视图函数address_delete()，代码如下：

```
def address_delete(request):
    pass
```

（2）在Buyer/urls.py中添加删除买家地址的路由address_delete。

```
path(address_delete/', views.address_delete)
```

（3）根据图4-2-5所示的流程图，完善视图函数address_delete()的功能，代码如下：

```
def address_delete(request):
   # 1.获取 id
   address_id = request.GET.get('id')
   # 2.根据 id 删除数据
   models.Address.objects.filter(id=address_id).delete()
   # 3.重定向到地址列表
   return redirect('/Buyer/address_list/')
```

获取前端传过来的id，根据id删除数据，删除后重新定向到地址列表。

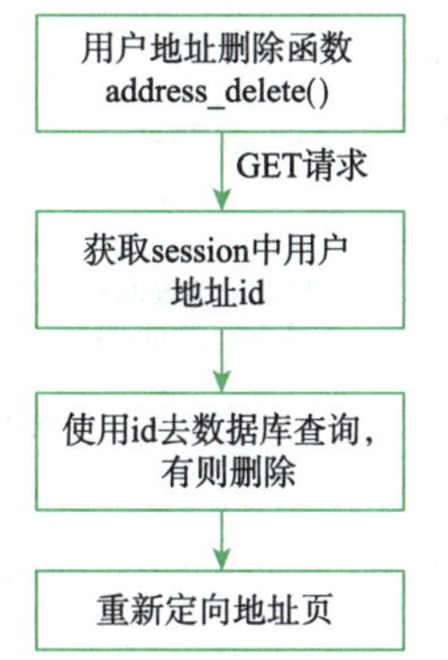

图 4-2-5　删除买家地址流程图

步骤5： 修改买家地址功能开发。

（1）在Buyer中创建一个修改买家地址的视图函数address_change()，代码如下：

```
def address_change(request):
    pass
```

（2）在Buyer/urls.py中修改买家地址的路由address_change。

```
path('address_change/', views.address_change)
```

（3）根据图4-2-6所示流程图，完善视图函数address_change()的功能，代码如下：

```
def address_change(request):
    if request.method == 'GET':
        # 1. 获取 id
        address_id = request.GET.get('id')
        # 2. 根据 id 查询数据库
        address_obj = models.Address.objects.get(id=address_id)
        # 3. 将数据放到页面上
        return render(request, 'address_change.html', {'address_obj': address_obj})
    else:
        """post 请求 """
        # 1.获取表单提交过来的内容
        address_id = request.POST.get('id')
        buyer_name = request.POST.get('buyer_name')
        buyer_phone = request.POST.get('buyer_phone')
        buyer_address = request.POST.get('buyer_address')
        # 2.修改数据库中的内容
        models.Address.objects.filter(id=address_id).update(
            receiver=buyer_name,
            address=buyer_address,
            phone=buyer_phone,
        )
```

```
    # 3. 重定向到地址列表
    return redirect('/Buyer/address_list/')
```

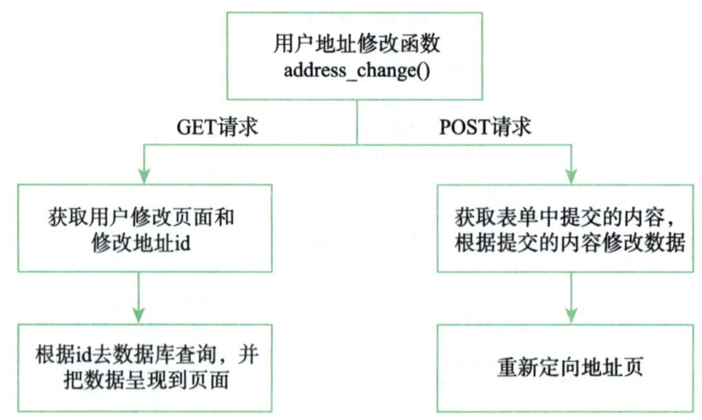

图 4-2-6　修改买家地址流程图

当请求方式为GET请求时，获取前端传过来的id，根据id查询数据，并把数据呈现在页面中。当为PSOT请求时，获取表单中提交的内容，根据提交的内容修改数据，保存数据后重新定向买家地址列表页面。

（4）修改买家地址address_change.html的前端代码如下：

```
{% extends "base.html" %}

{% load static %}

{% block content %}
<div class="store">
    <p> 修改地址 </p>
    <div class="store_box">
        <!-- 填充 form 表单 -->
        <!-- 1. 创建一个 form 标签，用来提交请求参数
            自己补全属性：method、action
            给出属性：无
         -->
        <form method="post" action="/Buyer/address_change/">
            <!-- 2. 书写伪装提交请求功能的代码 -->
            {% csrf_token %}
            <input type="hidden" value="{{ address_obj.id }}" name="id">
            <div class="line">
                <label> 收货人姓名 </label>
                <!-- 3. 创建一个 input 标签，用来显示并输入收货人姓名
                        自己补全属性：name、type、value
                        给出属性：class="input"
                -->
                <input type="text" name="buyer_name" class="input"
```

```
value="{{ address_obj.receiver }}"/>
            </div>
            <div class="line">
                <label>收货人电话</label>
                <!-- 4. 创建一个input标签，用来显示并输入收货人电话
                        自己补全属性：name、type、value
                        给出属性：class="input"
                -->
                <input type="text" name="buyer_phone" class="input" value=
"{{ address_obj.phone }}"/>
            </div>
            <div class="line">
                <label>收货人地址</label>
                <!-- 5. 创建一个input标签，用来显示并输入收货人地址
                        自己补全属性：name、type、value
                        给出属性：class="input"
                -->
                <input type="text" name="buyer_address" class="input" value=
"{{ address_obj.address }}"/>
            </div>

            <div class="line">
                <!-- 6. 创建一个input标签，用来设置提交按钮（命名：修改地址）
                        自己补全属性：type、value
                        给出属性：class="btn"
                -->
                <input type="submit" value="修改地址" class="btn"/>
            </div>
            <!-- form标签在此处结束 -->
        </form>
    </div>
</div>
{% endblock %}
```

完成开发后启动服务，若成功，会出现图4-2-7所示页面。

图4-2-7 修改买家地址页面

步骤7： 买家收藏功能开发。

（1）在Buyer中创建一个买家收藏视图函数my_collect_list()，代码如下：

```
def my_collect_list(request):
    pass
```

（2）在Buyer/urls.py中添加买家收藏路由my_collect_list。

```
path(my_collect_list/', views.my_collect_list)
```

（3）根据图4-2-8所示流程图，完善视图函数my_collect_list()的功能，代码如下：

```
def my_collect_list(request):
    # 获取当前登录账号
    username = request.session.get("username")
    # 查询当前账号收藏的商品记录
    goods_collects = models.GoodsCollect.objects.filter(buyer__name=
username, collect_state=1)
    return render(request, 'my_collect_list.html', {'goods_collects': goods_
collects})
```

首先获取当前登录的买家账号，查询当前账号收藏的商品记录，返回查询信息到前端。

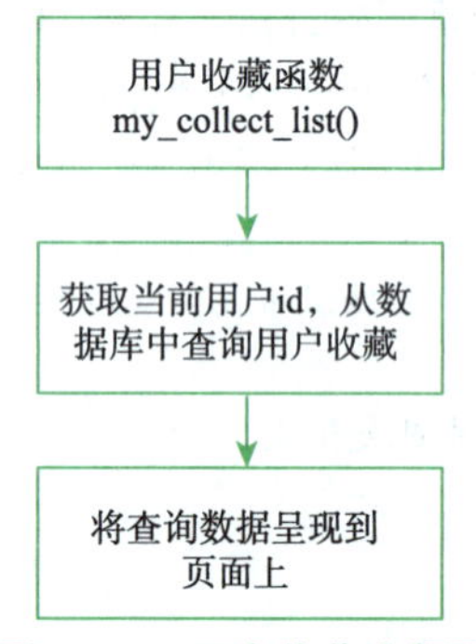

图 4-2-8　买家收藏流程图

（4）买家收藏my_collect_list.html的前端代码如下：

```
{% extends "base.html" %}

{% load static %}

{% block content %}
<div class="cart_list">
    <div class="cart_top">我的评论</div>
    <div class="cart_listbox">
        <table width="100%" cellpadding="0" cellspacing="0" border='0px'>
```

```
            <tr>
                <th width='10%'>
                    <input type="checkbox" id="all"
                           style="margin-top: 20px; margin-left:
10px;width: 24px; height: 24px;">
                </th>
                <th width='10%'>评论商品</th>
                <th width='10%'>评论商品图</th>
                <th width='10%'>评论态度</th>
                <th width='40%'>评论词句</th>
                <th width='10%'>评论时间</th>
                <th width='10%'>操作</th>
            </tr>
            {% for goods_comment in goods_comments %}
            <tr>
                <th width='10%'>
                    <input type="checkbox" id="all"
                           style="margin-top: 20px; margin-left:
10px;width: 24px; height: 24px;">
                </th>
                <!-- 须传入评论商品名称 -->
                <th width='10%'>{{ goods_comment.goods.goods_name }}</th>
                {% for img_path in goods_comment.goods.image_set.all %}
                <th width='10%'>
                    <!-- 须完善img标签src属性 -->
                    <img src="/static/{{ img_path.img_address }}">
                </th>
                <!-- 须传入评论态度 -->
                {% endfor %}
                {% if goods_comment.comment_state == 2 %}
                <th width='10%'>好评</th>
                {% elif goods_comment.comment_state == 1 %}
                <th width='10%'>中评</th>
                {% elif goods_comment.comment_state == 0 %}
                <th width='10%'>差评</th>
                {% endif %}
                <!-- 须传入评论商品语句 -->
                <th width='40%'>{{ goods_comment.comment_statement }}</th>
                <!-- 须传入评论商品时间 -->
                <th width='10%'>{{ goods_comment.comment_time }}</th>

                <th width='10%'>
                    <!-- 须完善a标签href属性 -->
                    <a href="/Buyer/my_comments_delete/?comment_id={{ goods_
comment.id }}">删除</a>
```

```
                </th>
            </tr>
            {% endfor %}
        </table>
    </div>
</div>
<script>
    function submit() {
        var inputs = document.getElementsByName("checkbox");
        var result = "/buyer/enter_order?";
        for (var i = 0; i < inputs.length; i++) {
            if (inputs[i].checked) {
                result += "key_" + i + "=" + inputs[i].value + "&"
            }
        }
        window.location.href = result.slice(0, -1)
    }

    function check(selector) {
        return document.querySelector(selector)         //捕获的是一个数组
    }

    check("#all").onclick = function () {
        var input = document.getElementsByName("checkbox");
        for (var i = 0; i < input.length; i++) {
            //this 执行函数的对象 checked 属性，返回当中选中的状态，也可以赋值使用
            input[i].checked = this.checked
        }
    };
    var inputs = document.getElementsByName("checkbox");
    for (var i = 0; i < inputs.length; i++) {
        inputs[i].onclick = function () {
            var flag = true;
            /*flag = false 底下的复选框全被选中 */
            for (var j = 0; j < inputs.length; j++) {
                if (!inputs[j].checked) {
                    flag = false;
                }
            }
            check('#all').checked = flag;
        }
    }
</script>
{% endblock %}
```

完成开发后启动服务，若成功，会出现图4-2-9所示页面。

我的收藏 历史收藏

	商品名称	商品缩略图	商品价格	商品库存	商品销量	商品浏览量	操作
☐	Apple MacBook Pro		23480	545	54	2	取消收藏
☐	华为Matebook XPro 2021款		6999	10000	10000	10	取消收藏
☐	苹果iPhone 12		3529	7676	7676	6	取消收藏

图 4-2-9 买家收藏列表页面

步骤7： 买家取消收藏功能开发。

（1）在Buyer中创建一个买家取消收藏视图函数collect_cancel()，代码如下：

```
def collect_cancel(request):
    pass
```

（2）在Buyer/urls.py中添加买家取消收藏路由collect_cancel。

```
path('collect_cancel/', views.collect_cancel)
```

（3）根据图4-2-10所示流程图，完善视图函数collect_cancel()的功能，代码如下：

```
def collect_cancel(request):
    # 获取前端页面传回来的商品 id
    goods_id = request.GET.get("goods_id")
    # 获取当前账号 id
    buyer_id = request.session.get("buyer_id")

    # 查询当前账号传回来的商品 id 的收藏记录，并将该记录的状态改为取消收藏状态 0
    models.GoodsCollect.objects.filter(goods_id=goods_id, buyer_
id=buyer_id).update(collect_state=0)
    # 重定向到我的收藏页面
    return redirect('/Buyer/my_collect_list/')
```

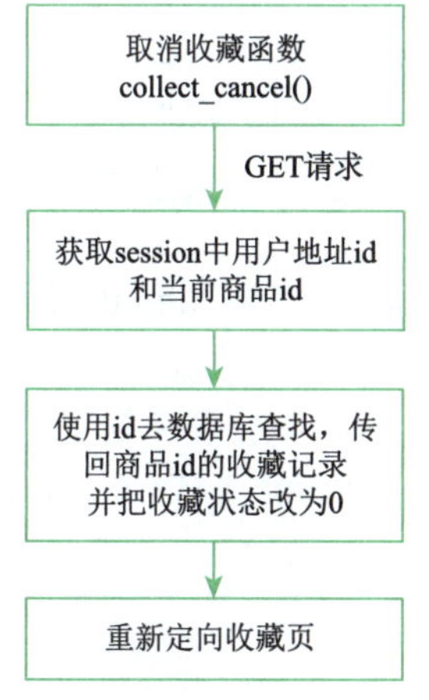

图 4-2-10 取消收藏流程图

获取页面提交过来的买家id，查询该账号传回来的商品id的收藏记录，并把收藏状态改为0，重新定向到收藏页面。

步骤8： 买家历史收藏列表功能开发。

（1）在Buyer中创建一个买家历史收藏列表的视图函数history_collect_list()，代码如下：

```
def history_collect_list(request):
    pass
```

（2）在Buyer/urls.py中添加买家历史收藏列表的视图函数路由history_collect_list。

```
path(' history_collect_list/', views.history_collect_list)
```

（3）根据图4-2-11所示流程图，完善视图函数history_collect_list()的功能，代码如下：

```
def history_collect_list(request):
    # 获取当前登录账号 id
    username = request.session.get("username")
    # 通过这个登录账号查询被取消收藏 0 状态的记录
    history_goods_collects = models.GoodsCollect.objects.filter(buyer__
name=username, collect_state=0)
    return render(request, 'history_collect_list.html', {'history_
goods_collects': history_goods_collects})
```

获取当前买家登录账号id，通过此id查询此账号收藏状态为0的记录，返回查询结果。

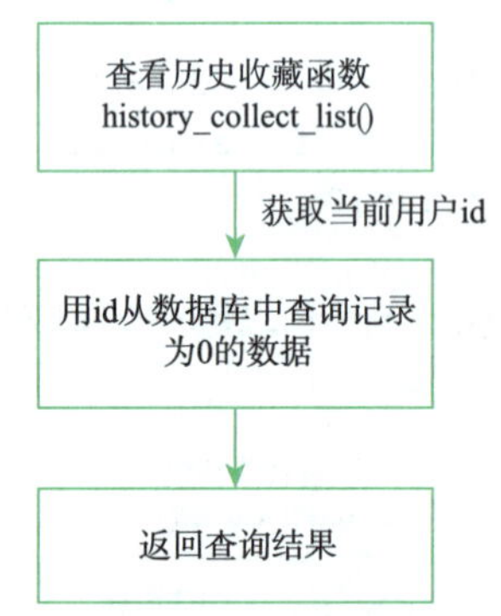

图 4-2-11　历史收藏列表流程图

（4）买家历史收藏列表history_collect_list.html的前端代码如下：

```
{% extends "base.html" %}

{% load static %}

{% block content %}
<div class="cart_list">
```

```
        <div class="cart_top">历史收藏</span>
        </div>
        <div class="cart_listbox">
            <table width="100%" cellpadding="0" cellspacing="0" border='0px'>
                <tr>
                    <th width='10%'>
                        <input type="checkbox" id="all"
                               style="margin-top: 20px; margin-left: 10px;width:
24px; height: 24px;">
                    </th>
                    <th width='20%'>商品名称</th>
                    <th width='10%'>商品缩略图</th>
                    <th width='10%'>商品价格</th>
                    <th width='10%'>商品库存</th>
                    <th width='10%'>商品销量</th>
                    <th width='10%'>商品浏览量</th>
                    <th width='20%'>操作</th>
                </tr>
                {% for history_goods_collect in history_goods_collects %}
                <tr>
                    <th width='10%'>
                        <input type="checkbox" id="all"
                               style="margin-top: 20px; margin-left: 10px;width:
24px; height: 24px;">
                    </th>
                    <!-- 须传入收藏商品名称 -->
                    <th width='20%'>{{ history_goods_collect.goods.goods_name }}
</th>
                    {% for img_path in history_goods_collect.goods.image_set.all %}
                    <th width='10%'>
                        <!-- 须完善img标签src属性 -->
                        <img src="/static/{{ img_path.img_address }}">
                    </th>
                    {% endfor %}
                    <!-- 须传入收藏商品价格 -->
                    <th width='10%'>{{ history_goods_collect.goods.goods_
cprice }}</th>
                    <!-- 须传入收藏商品库存 -->
                    <th width='10%'>{{ history_goods_collect.goods.goods_kucun }}
</th>
                    <!-- 须传入收藏商品销量 -->
                    <th width='10%'>{{ history_goods_collect.goods.goods_sales }}
</th>
                    <!-- 须传入收藏商品浏览量 -->
```

```
                    <th width='10%'>{{ history_goods_collect.goods.goods_browses
}} </th>
                    <th width='10%'>
                        <!-- 须完善 a 标签 href 属性 -->
                        <a href="/Buyer/history_collect_anew/?goods_id={{
history_ goods_collect.goods.id }}">重新收藏</a>
                        <!-- 须完善 a 标签 href 属性 -->
                        <a href="/Buyer/history_collect_delete/?goods_id={{
history_goods_collect.goods.id }}">删除收藏</a>
                    </th>
                </tr>
                {% endfor %}

            </table>
        </div>
    </div>
    <script>
        function submit() {
            var inputs = document.getElementsByName("checkbox");
            var result = "/buyer/enter_order?";
            for (var i = 0; i < inputs.length; i++) {
                if (inputs[i].checked) {
                    result += "key_" + i + "=" + inputs[i].value + "&"
                }
            }
            window.location.href = result.slice(0, -1)
        }

        function check(selector) {
            return document.querySelector(selector)        //捕获的是一个数组
        }

        check("#all").onclick = function () {
            var input = document.getElementsByName("checkbox");
            for (var i = 0; i < input.length; i++) {
                //this 执行函数的对象 checked 属性，返回当中选中的状态，也可以赋值使用
                input[i].checked = this.checked
            }
        };
        var inputs = document.getElementsByName("checkbox");
        for(var i = 0; i < inputs.length; i++) {
            inputs[i].onclick = function () {
                var flag = true;
                /*flag = false 底下的复选框全被选中*/
```

```
            for(var j = 0; j < inputs.length; j++) {
                if(!inputs[j].checked) {
                    flag = false;
                }
            }
            check('#all').checked = flag;
        }
    }
</script>
{% endblock %}
```

完成开发后启动服务，若成功，会出现图4-2-12所示页面。

历史收藏

	商品名称	商品缩略图	商品价格	商品库存	商品销量	商品浏览量	操作
☐	iPhone 13系列		5189	20000	20000	8	重新收藏 删除收藏

图 4-2-12 历史收藏列表页面

步骤9： 买家历史收藏中重新收藏功能开发。

（1）在Buyer中创建一个重新收藏的视图函数history_collect_anew()，代码如下：

```
def history_collect_anew(request):
    pass
```

（2）在Buyer/urls.py中添加重新收藏函数的路由history_collect_anew。

```
path('history_collect_anew/', views.history_collect_anew)
```

（3）根据图4-2-13所示流程图，完善视图函数history_collect_anew()的功能，代码如下：

```
def history_collect_anew(request):
    # 获取被传回来的商品 id
    goods_id = request.GET.get("goods_id")
    # 获取当前登录账号 id
    buyer_id = request.session.get("buyer_id")
    # 查询到该账号下该商品对应的收藏记录，并将该记录修改为收藏状态
    models.GoodsCollect.objects.filter(goods_id=goods_id, buyer_id=buyer_id).
update(collect_state=1)
    return redirect('/Buyer/my_collect_list/')
```

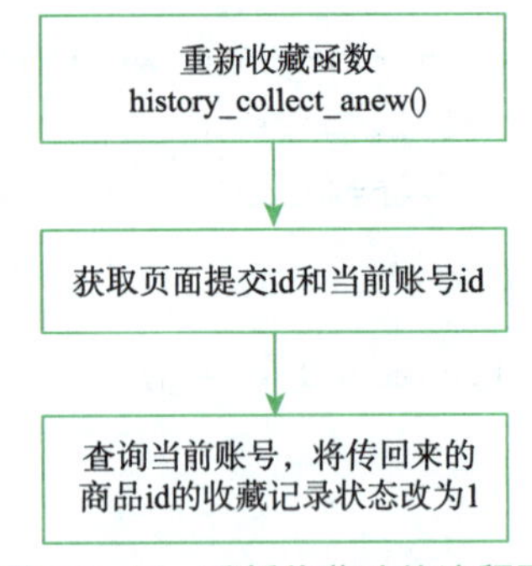

图 4-2-13　重新收藏功能流程图

获取页面提交的商品id和买家id，查询当前账号传回来的商品id收藏记录并将收藏状态修改为1。

步骤10： 买家历史收藏中删除收藏功能开发。

（1）在Buyer中创建一个删除收藏的视图函数history_collect_delete()，代码如下：

```
def history_collect_delete(request):
    pass
```

（2）在Buyer/urls.py中添加删除收藏函数的路由history_collect_delete。

```
path('history_collect_delete/', views.history_collect_delete)
```

（3）根据图4-2-14所示流程图，完善视图函数history_collect_delete()的功能，代码如下：

```
def history_collect_delete(request):
    # 获取被传回来的商品id
    goods_id = request.GET.get("goods_id")
    # 获取当前登录账号id
    buyer_id = request.session.get("buyer_id")
    # 查询到该账号下该商品对应的收藏记录，并将该记录删除
    models.GoodsCollect.objects.filter(goods_id=goods_id, buyer_id=buyer_id).
delete()
    return redirect('/Buyer/history_collect_list/')
```

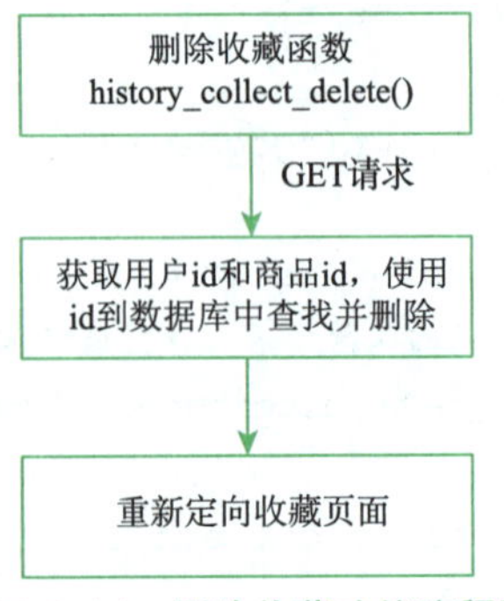

图 4-2-14　删除收藏功能流程图

根据页面提交过来的商品id和当前账号id，查询当前账号的收藏记录并删除，重定向到收藏列表页面。

买家中心的订单功能和评论功能没有开发，这部分将在任务5中讲解。

步骤11： 码云提交代码，TAPD提交任务。

学习笔记

任务考评

【买家个人中心】考评记录

姓名		完成日期	
序号	考核内容	标准分	评分
1	在TAPD中查看任务，从码云中拉取代码	5	
2	完成买家的地址功能开发	5	
3	完成添加买家地址功能开发	10	
4	完成删除买家地址功能开发	10	
5	完成修改买家地址功能开发	10	
6	完成买家收藏功能开发	10	
7	完成买家取消收藏功能开发	15	
8	完成买家历史收藏列表功能开发	10	
9	完成买家历史收藏中重新收藏功能开发	10	
10	完成买家历史收藏中删除收藏功能开发	10	
11	码云提交代码，TAPD提交任务	5	
总评分		100	

任务实现心得：

个人中心共分为几个模块？各个模块实现了哪些功能？请简要概述一下。

学习笔记

任务3 展示所有商品及商品详情页

任务描述

情境描述	近期公司要求团队对项目进行展示，在展示项目时，由于功能不完整所以体验感比较差，离公司规定的开发时间不远了，所以聂老师鼓励同学们要加把劲。 买家浏览商品才有可能有购物的欲望，所以商品展示页及详情页必不可少。为了更加了解商品的相关信息、要货比三家，评论和收藏功能也得有
任务分解	分析上面的工作情境，将任务分解如下： 1. 商品列表功能开发。 2. 商品详情页功能开发。 3. 商品收藏功能开发。 4. 商品评论列表功能开发
任务准备	1. 对商品详情页面有所了解。 2. 对json数据结构有深入理解

任务目标

知识目标	1. 掌握商品详情页面的开发原理。 2. 掌握数据序列化的方法
技能目标	1. 能够熟练进行商品列表及详情页开发。 2. 能够使用json数据格式进行项目开发
素养目标	细心和洞察：在开发商品详情页的过程中，通过解决开发商品收藏功能中的各种问题，提升学生洞察用户需求的能力

视 频

商品列表模块开发

任务实现

步骤1： 在TAPD中领取任务，从码云仓库拉取代码。

步骤2： 商城商品列表页面开发。

（1）在Buyer中创建一个商品列表页面的视图函数goods_list()，代码如下：

```
def goods_list(request):
    pass
```

（2）在Buyer/urls.py中添加商品列表的路由goods_list。

```
path('goods_list/', views.goods_list)
```

（3）根据图4-3-1所示流程图，完善视图函数goods_list()的功能，代码如下：

```
def goods_list(request):
    # 获取所有商品（从后台的数据库中获取）
    goods_obj_list = seller_models.Goods.objects.all()
    # 商品和图片，一对多
    return render(request, 'goods_list.html', locals())
```

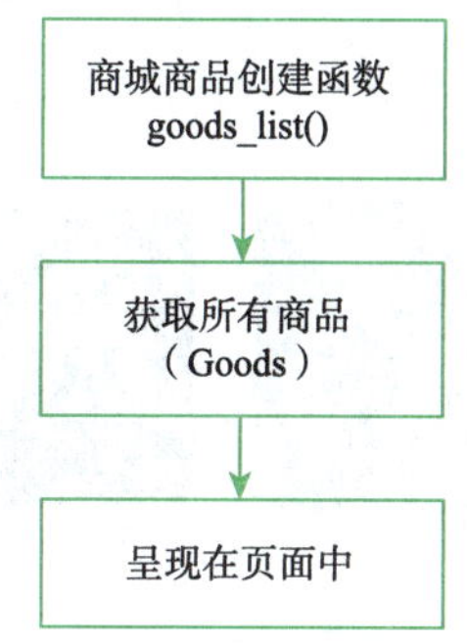

图 4-3-1　商品列表功能流程图

从后台中获取所有商品的数据，返回到goods_list.html页面。

（4）商城商品列表good_list.html的前端代码如下：

```
{% extends "base.html" %}
{% load static %}
{% block content %}
    <div class="shop_list">
        <div class="list1_box">
            {% for goods_obj in goods_obj_list %}
                <div class="list_box">
                    <dl>
                        <!-- 须完善 a 标签 href 属性 -->
                        <a href="/Buyer/goods_details/?id={{ goods_obj.id }}">
                            <!-- 须完善 img 标签 src 属性 -->
                            <dt><img src="{% static goods_obj.image_set.
first.img_address.name %}"/></dt>
                            <dd align="center">
                                <!-- 须传入商品名称 -->
                                <p>{{ goods_obj.goods_name }}</p>
                                <!-- 须传入商品现价 -->
                                <p>¥{{ goods_obj.goods_cprice }}元</p>
                            </dd>
                        </a>
                    </dl>
                </div>
            {% endfor %}
        </div>
```

```
    </div>

{% endblock %}
```

完成开发后启动服务，若成功，会出现图4-3-2所示页面。

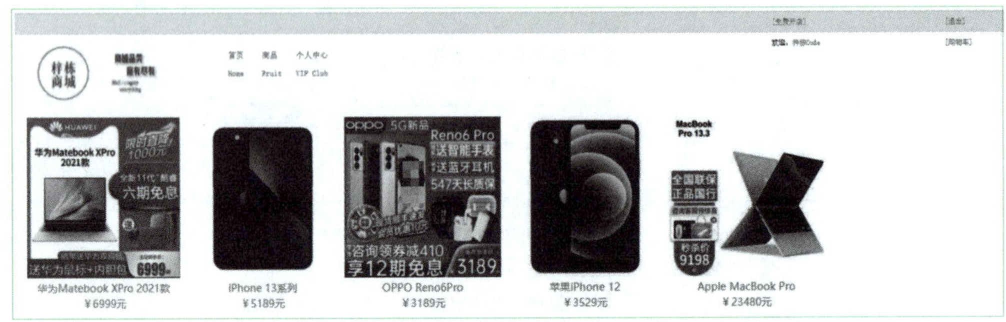

图 4-3-2　商品列表页面

步骤3: 商品详情页面开发。

（1）在Buyer中创建一个商品详情页面的视图函数goods_details()，代码如下：

```
def goods_details(request):
    pass
```

（2）在Buyer/urls.py中添加商品详情页面的路由goods_details。

```
path(goods_details/', views.goods_details)
```

（3）根据图4-3-3所示流程图，完善视图函数goods_details()的功能，代码如下：

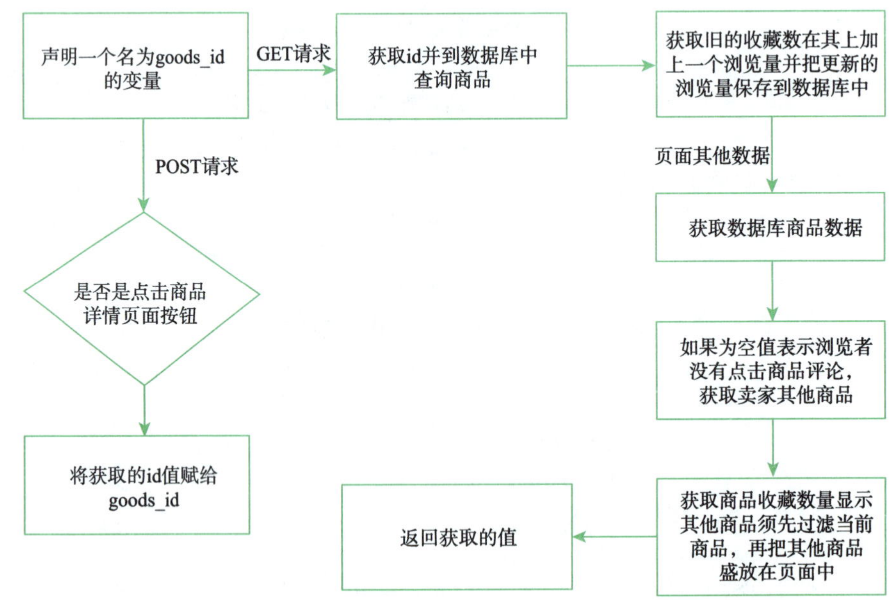

图 4-3-3　商品详情功能流程图

```
def goods_details(request):
    # 声明变量为空值
    goods_id = None

    if request.method == "POST":
        # 判断是否是前端页面商品详情按钮
        if request.POST.get("spxq") == " 商品详情 ":
            print(" 商品详情 ")
            goods_id = request.POST.get("id")

    elif request.method == "GET":
        # 1. 获取 id
        goods_id = request.GET.get('id')
        # 2. 去数据库中查询此 id 的商品数据
        goods_obj = seller_models.Goods.objects.get(id=goods_id)
        # 获取旧的收藏数
        old_browse_num = goods_obj.goods_browses
        # 旧的收藏数增加一个浏览数量
        new_browse_num = old_browse_num + 1
        # 把更新的浏览数保存到数据库（只有从主页进才增加浏览量）
        seller_models.Goods.objects.filter(id=goods_id).update(goods_
browses=new_browse_num)

    # 查询数据库获取商品数据
    new_goods_obj = seller_models.Goods.objects.get(id=goods_id)

    # 是空值，说明浏览者并没有点击商品评论
    goods_comment_list = new_goods_obj.goodscomments_set.all()

    # 3. 获取当前卖家的其他商品
    seller_id = new_goods_obj.seller_id         # 卖家的 id
    goods_obj_list = seller_models.Goods.objects.filter(seller_id=seller_id)
    # 获取当前商品被收藏数量
    goods_collect_list = new_goods_obj.goodscollect_set.filter(collect_
state=1).all()
    # 4. 去掉当前商品
    goods_list = []                              # 盛放其他商品
    for goods in goods_obj_list:
        if goods.id != new_goods_obj.id:
            goods_list.append(goods)

    # 5. 显示到页面上
    return render(request, "goods_details.html",
                  {'goods_obj': new_goods_obj, 'goods_comment_list':
```

```
goods_comment_list,'goods_list': goods_list, 'goods_collect_list': goods_
collect_list})
```

先声明一个名为goods_id的变量，若为POST请求，如果单击了商品详情页面按钮，则将获取的id值赋值给goods_id。如果为GET请求，获取id并根据id在数据库中查询商品，获取旧的收藏数，旧的收藏数加上一个浏览量数量，把更新的浏览量保存到数据库中。

页面其他数据：获取数据库商品数据，若为空值，则表示浏览者没有单击商品评论，获取卖家其他商品。获取商品收藏数量，过滤当前商品并显示其他商品，再把其他商品呈现到页面中，返回获取的值。

（4）商品详情页good_detail.html的前端代码如下：

```
    {% extends "base.html" %}

    {% load static %}

    {% block content %}
        <div class="goods_type">
            <div class="goods_details"><a href="#">首页</a> >{{ goods_obj.goods_
name }}</div>
            <div class="goods_box">
                <div class="box_pic"><img src="{% static goods_obj.image_set.
first.img_address.name %}"/></div>
                <div class="box_details">
                    <form method="post" action="/Buyer/car_jump/?id={{ goods_
obj.id }}">
                        {% csrf_token %}
                        <h1>{{ goods_obj.goods_name }}</h1>
                        <span style='font-size: 15px;'>{{ goods_obj.goods_
description|safe }}</span>

                        <div class="box_bg">
                            价格：¥<span class="price_span">
                            {{ goods_obj.goods_cprice }}</span>
                            元  原价:¥<s style='color: #ff0000'>
{{ goods_obj.goods_oprice }}</s></div>
                        <div class="address">配送：  顺丰快递</div>
                        <div class="address">存储方：  适宜的环境</div>
                        <div class="address">库存：  {{ goods_obj.goods_kucun }}</div>

                        <div class="num">数量：
                            <input type="button" name="-" value="-" class=
"btn1" onclick="dec()"/>
```

```
                        <input type="text" value="1" id="count" name=
"count" class="text1"/>
                        <input type="button" name="+" value="+" class=
"btn1" onclick="add()"/>
                    </div>
                    {# 携带商品名称，到购物车中间页面 #}
                    <input type="hidden" name="goods_name" value="{{ goods_
obj.goods_name }}">
                    {# 携带商品价格，到购物车中间页面 #}
                    <input type="hidden" name="goods_cprice" value="{{
goods_obj.goods_cprice }}">
                    {# 添加购物车携带图片 #}
                    <input type="hidden" name="goods_img_path" value=
"{{ goods_obj.image_set.first.img_address.name }}">
                    <div class="btn2"><input type="submit" value="加入购
物车" class="gouwu"/></div>
                </form>
            </div>
            <div class="goods_heat_big_div">
                <div class="goods_heat_big_title">商品热度</div>
                <div class="goods_heat_title">销售量：{{ goods_obj.goods_
sales }}</div>
                <div class="goods_heat_title">评论量：{{ goods_comment_
list.count }}</div>
                <div class="goods_heat_title">浏览量：{{ goods_obj.goods_
browses }}</div>
                <div class="goods_heat_title">收藏量：{{ goods_collect_
list.count }}</div>
                <a href="/Buyer/goods_collection/?id={{ goods_obj.id }}
&collect_state=1" class="goods_a1">我要收藏</a>
                <a href="/Buyer/goods_collection/?id={{ goods_obj.id }}
&collect_state=0" class="goods_a2">取消收藏</a>
            </div>
        </div>
    </div>
    <script type="text/javascript">
        var count;

        function add() {
            count = document.getElementById('count').value;

            var xiancun = document.getElementById('count').value;
            var kucun1 = {{ goods_obj.goods_kucun }}
            if (xiancun >= kucun1 ) {
```

```
                alert("库存为:" + {{ goods_obj.goods_kucun }}+ ",您已经
超出库存! ")
                document.getElementById('count').value = {{ goods_obj.goods_
kucun }}
            }
            else {
                count++;
                document.getElementById('count').value = count;
            }

        }

        function dec() {
            count = document.getElementById('count').value;
            count--;
            if (document.getElementById('count').value <= 1) {
                document.getElementById('count').value = 1
            }
            else {
                document.getElementById('count').value = count;
            }
        }
    </script>
    <div class="goods_type1">
        <div class="type1_left">
            <div class="type1_top">其他商品</div>
            <div class="type1_bottom">

                {% for goods_obj in goods_list %}
                    <a href="/Buyer/goods_details/?id={{ goods_obj.id }}">
                        <dl>
                            <dt><img src="{% static goods_obj.image_set.
first.img_address.name %}"/></dt>
                            <dd>
                                <span class="pname">
                                    {{ goods_obj.goods_name }}
                                </span>
                                <p class="price">¥{{ goods_obj.goods_
cprice }}</p>
                            </dd>
                        </dl>
                    </a>
                {% endfor %}
            </div>
        </div>

        <div class="goods_details_div">
```

```
        <form method="post" action="/Buyer/goods_details/">
            {% csrf_token %}
            <input type="hidden" name="spxq" value=" 商品详情 ">
           <input type="hidden" name="id" value="{{ goods_obj.id  }}">
            <input type="submit" value=" 商品详情 " class="type1_top"/>
        </form>
    </div>

    <div class="goods_details_div">
        <form method="post" action="/Buyer/goods_comments/">
            {% csrf_token %}
            <input type="hidden" name="sppl" value=" 商品评论 ">
           <input type="hidden" name="id" value="{{ goods_obj.id  }}">
            <input type="submit" value=" 商品评论 " class="type1_top"/>
        </form>

    </div>

    <div class="types_div">

        <div class="type1_bottom">
            {{ goods_obj.goods_details|safe }}
        </div>

    </div>
</div>

{% endblock %}
```

完成开发后启动服务，若成功，会出现图4-3-4所示页面。

图 4-3-4　商品详情页面

步骤4： 商品收藏功能开发。

（1）在Buyer中创建一个商品收藏的视图函数goods_collection()，代码如下：

```
def goods_collection(request):
    pass
```

（2）在Buyer/urls.py中添加商品收藏函数的路由goods_collection。

```
path(goods_collection/', views.goods_collection)
```

（3）根据图4-3-5所示流程图，完善视图函数goods_collection()的功能，代码如下：

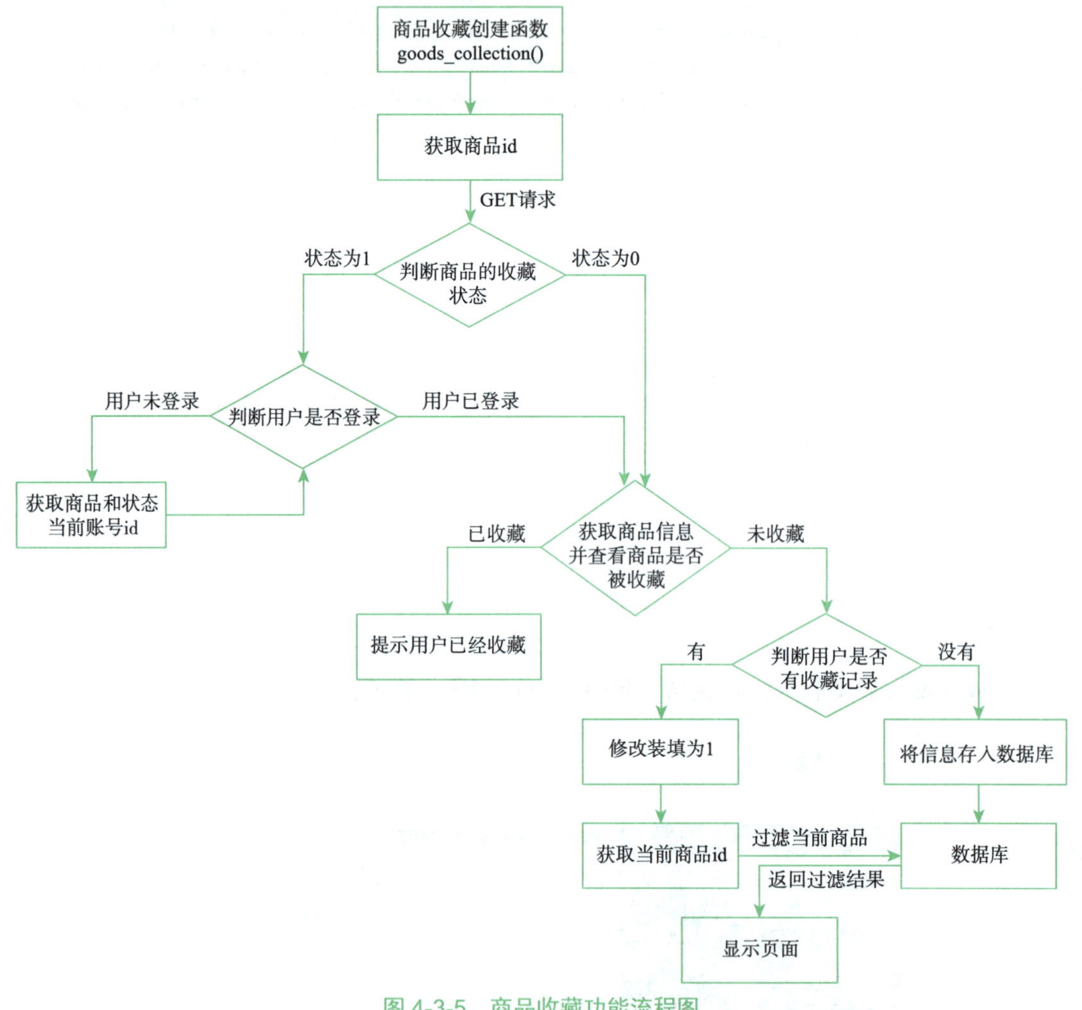

图 4-3-5　商品收藏功能流程图

```
def goods_collection(request):
    # 接收转跳回来的商品id值
    goods_id = request.GET.get("id")

    if request.method == "GET":
```

```
    if request.GET.get("collect_state") == '1':
        # 判断买家是否登录了
        buyer_id = request.session.get('buyer_id')
        """当买家已登录时"""
        if buyer_id:
            # 1. 获取商品id
            goods_id = request.GET.get('id')
            # 2. 获取当前状态
            collect_state = request.GET.get("collect_state")
            # 3. 获取当前账号id
            buyer_id = request.session.get("buyer_id")
            # 根据该商品id以及当前账号查询此商品是否被收藏
            goods_buyer_value = models.GoodsCollect.objects.filter(buyer_
id=buyer_id, goods_id=goods_id).all()

            # 如果存在则打印，不存在则添加
            if goods_buyer_value:
                print("该商品已被收藏！")
                # 如果有历史收藏记录，那么就修改状态为1，即被收藏状态
                if goods_buyer_value[0].collect_state == 0:
                    models.GoodsCollect.objects.filter(buyer_id=buyer_id,
goods_id=goods_id).update(collect_state=collect_state)
            else:
                models.GoodsCollect.objects.create(
                    collect_state=collect_state,
                    buyer_id=buyer_id,
                    goods_id=goods_id
                )
        else:
            # 获取当前商品id
            goods_id = request.GET.get("id")
            # 记录跳转的函数
            request.session["record_views"] = "goods_collection"
            # 记录商品id
            request.session["goods_id"] = goods_id
            return redirect('/Buyer/login/')
    elif request.GET.get("collect_state") == '0':
        # 判断买家是否登录了
        buyer_id = request.session.get('buyer_id')
        """当买家已登录时"""
        if buyer_id:
            # 获取商品id
            goods_id = request.GET.get('id')
            # 获取当前状态
```

```
                collect_state = request.GET.get("collect_state")
                # 获取当前账号 id
                buyer_id = request.session.get("buyer_id")
                # 根据该商品 id 以及当前账号查询此商品是否被收藏
                goods_buyer_value = models.GoodsCollect.objects.filter(buyer_
id=buyer_id, goods_id=goods_id).all()

                # 如果有值则修改，无值则打印
                if goods_buyer_value:
                    models.GoodsCollect.objects.filter(buyer_id=buyer_id,
goods_id=goods_id).update(collect_state=collect_state)
                else:
                    print("该商品未被收藏！")
            else:
                # 获取当前商品 id
                goods_id = request.GET.get("id")
                # 记录跳转的函数
                request.session["record_views"] = "goods_collection"
                # 记录商品 id
                request.session["goods_id"] = goods_id
                return redirect('/Buyer/login/')

    # 查询数据库获取商品数据
    new_goods_obj = seller_models.Goods.objects.get(id=goods_id)

    # 获取当前商品被收藏数量
    goods_collect_list = new_goods_obj.goodscollect_set.filter(collect_state=1).all()

    # 是空值，说明浏览者并没有单击商品评论
    goods_comment_list = new_goods_obj.goodscomments_set.all()

    # 获取当前卖家的其他商品
    seller_id = new_goods_obj.seller_id     # 卖家的 id
    goods_obj_list = seller_models.Goods.objects.filter(seller_id=seller_id)

    # 去掉当前商品
    goods_list = []                         # 盛放其他商品
    for goods in goods_obj_list:
        if goods.id != new_goods_obj.id:
            goods_list.append(goods)
    # 显示到页面上
    return render(request, "goods_details.html",
                {'goods_obj': new_goods_obj, 'goods_comment_list': goods_
comment_list, 'goods_list': goods_list, 'goods_collect_list': goods_collect_list})
```

获取商品id值。当为GET请求时，若商品收藏状态为1则判断买家是否登录，如果买家已登录则获取商品信息，查询商品是否被收藏，如果已经收藏提示买家已经收藏；若没有收藏，先判断是否有收藏记录，有则修改状态为1；若没有收藏记录，则将信息存入数据库；如果买家没有登录，则定向到登录页面。

当商品收藏状态为0且买家已登录，则先获取商品信息，查询商品是否被收藏，如果已收藏提示买家已经收藏；没有收藏，先判断是否有收藏记录，若有则修改状态为1，没有收藏记录则将信息存入数据库；如果没有登录，则定向到登录页面。

步骤5： 商品详情页评论列表功能模块开发。

（1）在Buyer中创建一个商品评论的视图函数goods_comments()，代码如下：

```
def goods_comments(request):
    pass
```

（2）在Buyer/urls.py中添加商品评论视图函数的路由goods_comments。

```
path('goods_comments/', views.goods_comments)
```

（3）根据图4-3-6所示流程图，完善视图函数goods_comments()的功能。

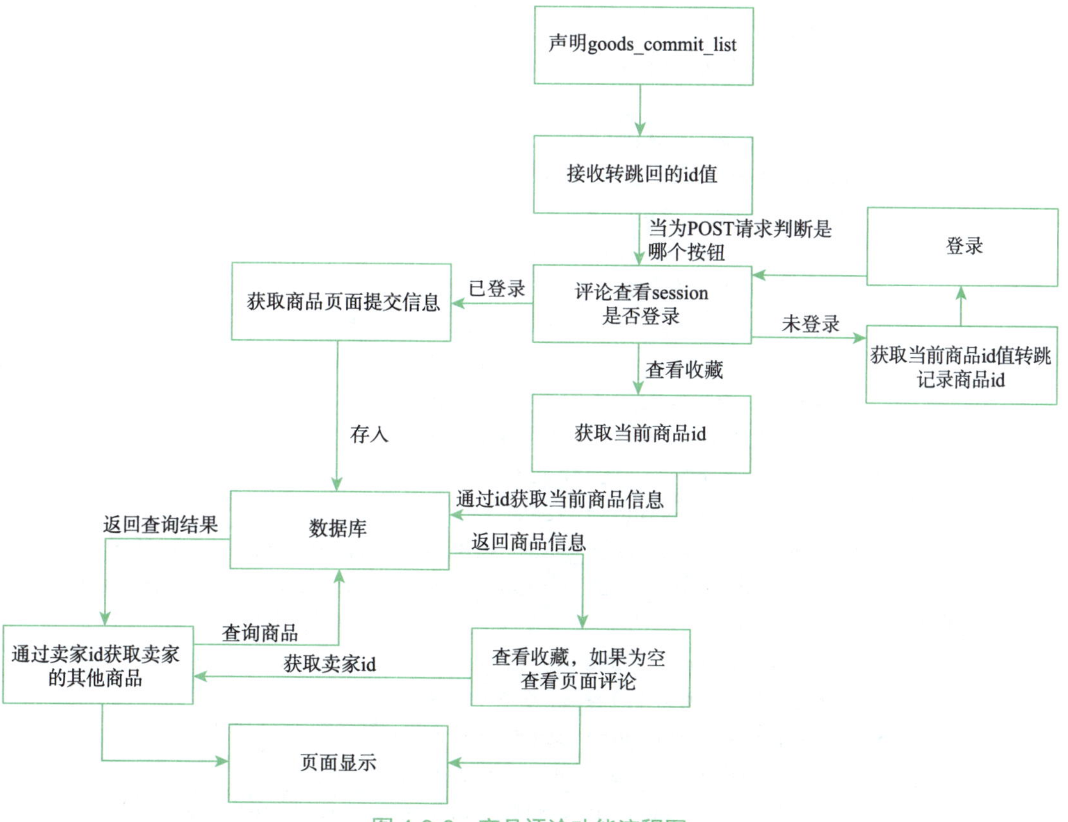

图 4-3-6　商品评论功能流程图

①定义函数ajax_json()，其功能是将获取的商品评论数据转成json数据，代码如下：

```
def ajax_json(sql_list):
    data = {}
    buyername = []
    for goods_comment in sql_list:
        buffer = {
            'name': goods_comment.buyer.name,
            "comment": goods_comment.comment_statement,
            "time": str(goods_comment.comment_time)
        }
        buyername.append(buffer)
        data["goods_comment"] = buyername
    ls = json.dumps({'msg': data}, ensure_ascii=False)
    return ls
```

②完成视图函数goods_comments()，代码如下：

```
@csrf_exempt
def goods_comments(request):
    # 接收转跳回来的商品id值
    goods_id = request.GET.get("id")
    # 声明变量为空值
    goods_comment_list = None

    if request.method == "POST":
        # 判断是否是前端页面全部评论按钮，1表示全部评论
        if request.POST.get("but") == "1":
            goods_id = request.POST.get("id")
            # 去数据库查询商品
            goods_obj = seller_models.Goods.objects.get(id=goods_id)
            goods_comment_list = goods_obj.goodscomments_set.all()
            return HttpResponse(ajax_json(goods_comment_list))
        # 判断是否是前端页面好评按钮，2表示好评
        elif request.POST.get("but") == "2":
            goods_id = request.POST.get("id")
            goods_obj = seller_models.Goods.objects.get(id=goods_id)
            goods_comment_list = goods_obj.goodscomments_set.filter
(comment_state=2).all()
            return HttpResponse(ajax_json(goods_comment_list))
        # 判断是否是前端页面中评按钮，3表示中评
        elif request.POST.get("but") == "3":
            goods_id = request.POST.get("id")
            goods_obj = seller_models.Goods.objects.get(id=goods_id)
            goods_comment_list = goods_obj.goodscomments_set.filter
(comment_state=1).all()
```

```
            return HttpResponse(ajax_json(goods_comment_list))
        # 判断是否是前端页面差评按钮，4 表示差评
        elif request.POST.get("but") == "4":
            goods_id = request.POST.get("id")
            goods_obj = seller_models.Goods.objects.get(id=goods_id)
            goods_comment_list = goods_obj.goodscomments_set.filter
(comment_state=0).all()
            return HttpResponse(ajax_json(goods_comment_list))
        # 判断是否是前端页面商品评论按钮
        elif request.POST.get("sppl") == "商品评论":
            goods_id = request.POST.get("id")

    # 查询数据库获取商品数据
    new_goods_obj = seller_models.Goods.objects.get(id=goods_id)

    # 获取当前商品被收藏数量
    goods_collect_list = new_goods_obj.goodscollect_set.filter(collect_state=1).all()

    if goods_comment_list is None:
        # 是空值，则查询评论
        goods_comment_list = new_goods_obj.goodscomments_set.all()

    # 获取当前卖家的其他商品
    seller_id = new_goods_obj.seller_id          # 卖家的 id
    goods_obj_list = seller_models.Goods.objects.filter(seller_id=seller_id)

    # 去掉当前商品
    goods_list = []                              # 盛放其他商品
    for goods in goods_obj_list:
        if goods.id != new_goods_obj.id:
            goods_list.append(goods)
    # 显示到页面上
    return render(request, "goods_collect_comments.html",
                        {'goods_obj': new_goods_obj, 'goods_comment_list': goods_
comment_list,'goods_list': goods_list, 'goods_collect_list': goods_collect_list})
```

接收跳转回来的商品id，声明goods_commit_list变量，当为POST请求时判断是买家单击了哪个按钮，所有按钮功能根据条件语句判断即可。

当为GET请求时，页面需要显示商品信息，因此需要根据商品id获取数据库中商品信息，将其转换成json格式返回前端。获取收藏数量，如果是空值则查询评论，通过买家id获取当前买家其他商品，最后将获取的值都返回到页面上。

（4）商品评论列表页面goods_collect_comments.html的前端代码如下：

```
{% extends "base.html" %}

{% load static %}

{% block content %}
<div class="goods_type">
    <!-- 1.须传入商品名称 -->
    <div class="goods_details"><a href="#">首页</a> >{{ goods_obj.goods_
name }}</div>
    <div class="goods_box">
        <!-- 2.须传入商品图片 url -->
        <div class="box_pic"><img src="{% static goods_obj.image_set.first.
img_address.name %}"/></div>
        <div class="box_details">
            <!-- 3.须传入商品 id -->
            <form method="post" action="/Buyer/car_jump/?id={{ goods_obj.id }}">
                {% csrf_token %}
                <!-- 4.须传入商品名称 -->
                <h1>{{ goods_obj.goods_name }}</h1>
                <!-- 5.须传入商品描述 -->
                <span style='font-size: 15px;'>{{ goods_obj.goods_
description|safe }}</span>

                <div class="box_bg">
                    <!-- 6.须传入商品现价 -->
                    价格:¥<span class="price_span">{{ goods_obj.goods_cprice }}
</span>
                    <!-- 7.须传入商品原价 -->
                    元  原价:¥<s style='color: #ff0000'> {{
goods_obj.goods_oprice }}</s></div>
                <div class="address">配送 : 顺丰快递</div>
                <div class="address">存储方 : 适宜的环境</div>
                <!-- 8.须传入商品库存数 -->
                <div class="address">库存 : {{ goods_obj.goods_kucun }}</div>

                <div class="num">数量:
                    <input type="button" name="-" value="-" class="btn1"
onclick="dec()"/>
                    <input type="text" value="1" id="count" name="count"
class="text1"/>
                    <input type="button" name="+" value="+" class="btn1"
onclick="add()"/>
                </div>
                {# 携带商品名称,到购物车中间页面 #}
```

```
                    <!-- 9. 须传入商品名称 -->
                    <input type="hidden" name="goods_name" value="{{ goods_obj.
goods_name }}">
                    {# 携带商品价格，到购物车中间页面 #}
                    <!-- 10. 须传入商品现价 -->
                    <input type="hidden" name="goods_cprice" value="{{ goods_
obj.goods_cprice }}">
                    {# 添加购物车携带图片 #}
                    <!-- 11. 须传入商品图片 url -->
                    <input type="hidden" name="goods_img_path" value="{{ goods_
obj.image_set.first.img_address.name }}">
                    <div class="btn2"><input type="submit" value=" 加入购物车 "
class="gouwu"/></div>
                </form>
            </div>
            <div class="goods_heat_big_div">
                <div class="goods_heat_big_title"> 商品热度 </div>
                <!-- 12. 须传入商品销售量 -->
                <div class="goods_heat_title">销售量:{{ goods_obj.goods_sales }}
</div>
                <!-- 13. 须传入商品评论量 -->
                <div class="goods_heat_title">评论量:{{ goods_comment_list.count }}
</div>
                <!-- 14. 须传入商品浏览量 -->
                <div class="goods_heat_title">浏览量:{{ goods_obj.goods_browses }}
</div>
                <!-- 15. 须传入商品收藏量 -->
                <div class="goods_heat_title">收藏量:{{ goods_collect_list.count }}
</div>
                <!-- 16. 须传入商品 id -->
                <a href="/Buyer/goods_collection/?id={{ goods_obj.id }}&collect_
state=1" class="goods_a1"> 我要收藏 </a>
                <!-- 17. 须传入商品 id -->
                <a href="/Buyer/goods_collection/?id={{ goods_obj.id }}&collect_
state=0" class="goods_a2"> 取消收藏 </a>
            </div>
        </div>
    </div>
    <script type="text/javascript">
        var count;

        function add() {
            count = document.getElementById('count').value;
            var xiancun = document.getElementById('count').value;
```

```
        <!-- 18.须传入商品库存数 -->
        var kucun1 = {
            {
                goods_obj.goods_kucun
            }
        }
        if (xiancun >= kucun1) {
            <!-- 19.须传入商品库存数 -->
            alert(" 库存为 :" + {
                {
                    goods_obj.goods_kucun
                }
            }
                +", 您已经超出库存! "
            )

            document.getElementById('count').value = {
                {
                    goods_obj.goods_kucun
                }
            }
        } else {
            count++;
            document.getElementById('count').value = count;
        }
    }

    function dec() {
        count = document.getElementById('count').value;
        count--;
        if (document.getElementById('count').value <= 1) {
            document.getElementById('count').value = 1
        } else {
            document.getElementById('count').value = count;
        }
    }
</script>
<div class="goods_type1">
    <div class="type1_left">
        <div class="type1_top"> 其他商品 </div>
        <div class="type1_bottom">

            {% for goods_obj in goods_list %}
            <!-- 20.须完善a标签href属性 -->
```

```
            <a href="/Buyer/goods_details/?id={{ goods_obj.id }}">
                <dl>
                    <!--21.须完善 img 标签 src 属性 -->
                    <dt><img src="{% static goods_obj.image_set.first.img_
address.name %}"/></dt>
                    <dd>
                        <!-- 22.须传入商品名称 -->
                        <span class="pname">{{ goods_obj.goods_name }}</span>
                        <!-- 23.须传入商品现价 -->
                        <p class="price">¥{{ goods_obj.goods_cprice }}</p>
                    </dd>
                </dl>
            </a>
            {% endfor %}

        </div>
    </div>

    <div class="goods_details_div">
        <!-- 24.须完善 form 标签 action 属性 -->
        <form method="post" action="/Buyer/goods_details/">
            {% csrf_token %}
            <input type="hidden" name="spxq" value="商品详情">
            <!-- 25.须传入商品 id -->
            <input type="hidden" name="id" value="{{ goods_obj.id  }}">
            <input type="submit" value="商品详情" class="type1_top"/>
        </form>
    </div>

    <div class="goods_details_div">
        <!-- 26.须完善 form 标签 action 属性 -->
        <form method="post" action="/Buyer/goods_comments/">
            {% csrf_token %}
            <input type="hidden" name="sppl" value="商品评论">
            <!-- 27.须传入商品 id -->
            <input type="hidden" name="id" value="{{ goods_obj.id  }}">
            <input type="submit" value="商品评论" class="type1_top"/>
        </form>

    </div>
    <div class="goods_pl_div" id="goods_pl_id">
        <div class="type1_bottom">
            <div class="comment_box1">
```

```
                    <div class="qb_comment">
                        <input type="submit" value="全部评论" class="comment_
submit" id="qbpl">
                    </div>

                    <div class="comment_form">
                        <input type="submit" value=" 好评 " class="comment_
submit" id="hp">
                    </div>

                    <div class="comment_form">
                        <input type="submit" value=" 中评 " class="comment_
submit" id="zp">
                    </div>

                    <div class="comment_form">
                        <input type="submit" value=" 差评 " class="comment_
submit" id="cp">
                    </div>

                </div>

                <div id="removepl">

                    {% for goods_comment in goods_comment_list %}
                    <div class="comment_box1">
                        <table>
                            <tr>
                                <td style="width: 200px; height: 80px">用户：
{{ goods_comment.buyer.name }}</td>
                                <td style="width: 600px; height: 80px">{{
goods_comment.comment_statement }}</td>
                                <td style="width: 200px; height: 80px">{{
goods_comment.comment_time }}</td>
                            </tr>
                        </table>
                    </div>
                    {% endfor %}
                </div>
            </div>
        </div>
    </div>
    <script>
        (function () {
```

```
        console.log('func')
    })()


    function establish_dom(name, comment, time) {
        var pl_div = $("<div></div>").addClass("comment_box1")
        $("#removepl").append(pl_div);

        var pl_table = $("<table></table>");
        pl_div.append(pl_table);

        var pl_tr = $("<tr></tr>");
        pl_table.append(pl_tr);

        var pl_name = $("<td></td>").css({"width": "200px", "height":
"80px"}).text("用户：" + name);
        pl_tr.append(pl_name);

        var pl_comment = $("<td></td>").css({"width": "600px", "height":
"80px"}).text(comment);
        pl_tr.append(pl_comment);

        var pl_time = $("<td></td>").css({"width": "200px", "height":
"80px"}).text(time);
        pl_tr.append(pl_time);

    }

    function ajax_for(but_num) {
        // ajax
        $.ajax(
        {
            url: "/Buyer/goods_comments/",
            type: "POST",
            dataType: "json",
            data: {
                "id": {
                            {
                                goods_obj.id
                            }
                },
                "but"
                :
                but_num
```

```
                },
                success: function (data) {
                    console.log(data)
                    $("#removepl").empty();
                    let datas = data["msg"]["goods_comment"]

                    for (var i = 0; i < data["msg"]["goods_comment"].length; i++) {
                        let comment = datas[i];
                        console.log(comment);
                        establish_dom(comment.name, comment.comment,
comment.time);
                    }
                }
            }
        )
    }

    $(
        function () {
            // 监听全部评论按钮， but=1 表示全部评论
            $("#qbpl").click(
                function () {
                    // ajax
                    ajax_for(1)
                }
            )

            // 监听好评按钮，but=2 表示好评按钮
            $("#hp").click(
                function () {
                    // ajax
                    ajax_for(2)
                }
            )

            // 监听中评按钮，but=3 表示中评按钮
            $("#zp").click(
                function () {
                    // ajax
                    ajax_for(3)
                }
            )

            // 监听差评按钮，but=4 表示差评按钮
```

```
            $("#cp").click(
                function () {
                    // ajax
                    ajax_for(4)
                }
            )
        }
    )
</script>

{% endblock %}
```

完成开发后启动服务，若成功，会出现图4-3-7所示页面。

商品详情　商品评论

全部评论　好评　中评　差评

用户：梓栋Code　华为Matebook外观很好看，运行流畅，非常棒！　Nov. 26, 2021, 5:50 p.m.

图 4-3-7　商品评论页面

步骤6： 码云提交代码，TAPD提交任务。

任务考评

【展示所有商品及商品详情页】考评记录

姓名		完成日期	
序号	考核内容	标准分	评分
1	在TAPD中查看任务，从码云中拉取代码	10	
2	完成商品列表页面开发	20	
3	完成商品详情页面开发	20	
4	完成商品收藏功能开发	20	
5	完成商品评论列表功能模块开发	20	
6	码云提交代码，TAPD提交任务	10	
总评分		100	

任务实现心得：

在展示商品详情时，视图函数的业务逻辑是什么？请概述一下。

学习笔记

任务4 购物车操作

任务描述

情境描述	电商平台的购物车模块是必不可少的，这也是同学们本次的开发任务。它类似于超市购物时使用的推车或篮子，可以暂时把挑选的商品放入购物车，可以根据需求添加、删除或更改预购商品，并对多个商品进行一次结款，是网上商店里的快捷购物模块
任务分解	分析上面的工作情境，将任务分解如下： 1. 商品加入购物车功能开发。 2. 购物车商品列表功能开发。 3. 删除购物车商品功能开发。 4. 清空购物车功能开发
任务准备	1. 已完成商品列表及详情页的开发。 2. 了解商城购物车的结构

任务目标

知识目标	1. 掌握购物车功能模块的开发原理。 2. 掌握session在开发过程中的使用方法
技能目标	1. 能够熟练使用session进行项目开发。 2. 能够深刻理解购物车的开发框架并使用
素养目标	严谨：在添加商品到购物车的开发中，要判断用户是否为登录状态，还要同时控制购物车商品数量，使用流程控制语句开发，提升学生的逻辑性

视 频

购物车模块开发

任务实现

步骤1: 在TAPD中领取任务，从码云仓库拉取代码。

步骤2: 商品加入购物车功能开发。

（1）在Buyer中创建一个商品加入购物车的视图函数car_jump()，代码如下：

```
def car_jump(request):
    pass
```

（2）在Buyer/urls.py中添加商品加入购物车视图函数的路由car_jump。

```
path('car_jump/', views.car_jump)
```

（3）根据图4-4-1所示流程图，完善视图函数car_jump()的功能，代码如下：

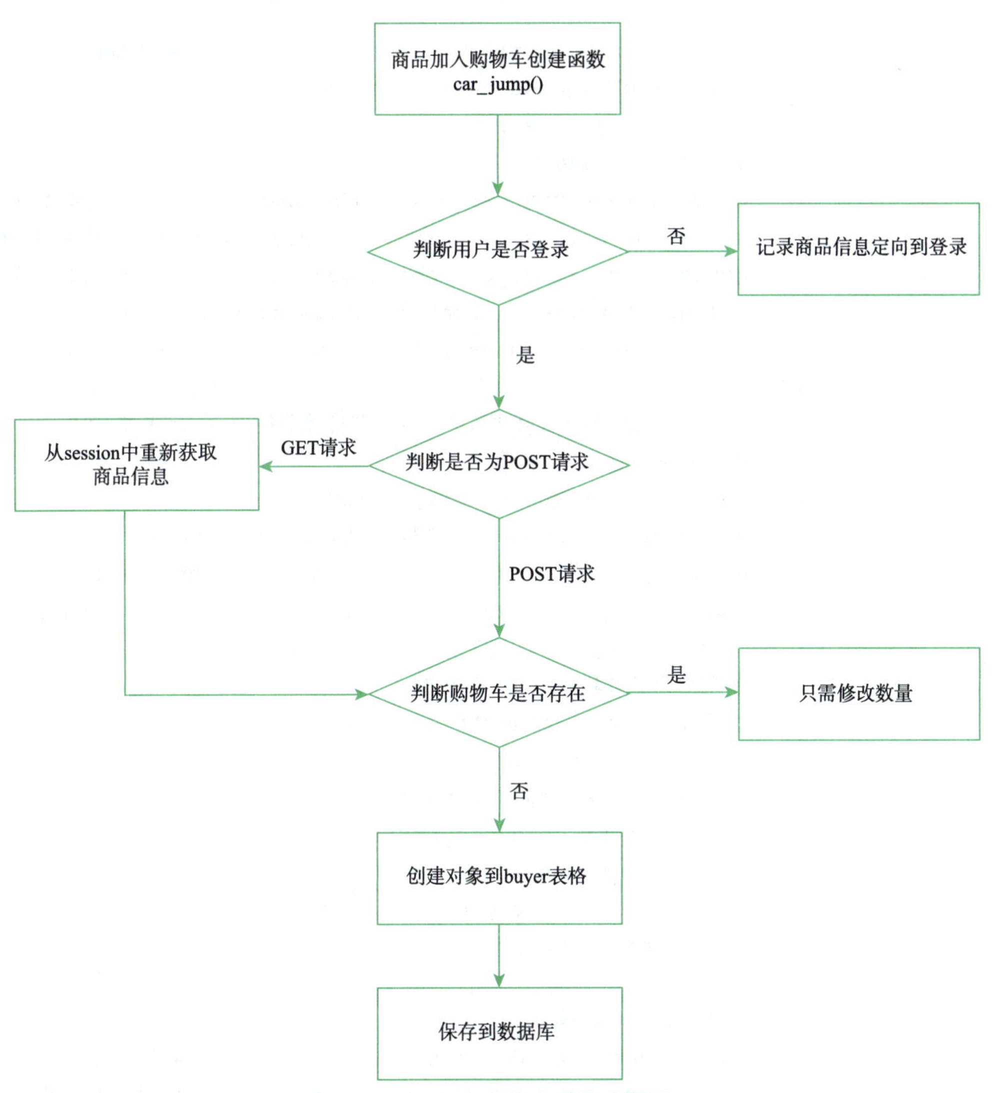

图 4-4-1　加入购物车功能流程图

```
    def car_jump(request):
        # 判断买家是否登录了
        buyer_id = request.session.get('buyer_id')
        """ 当买家已登录时 """
        if buyer_id:
            """ 当用户从商品详情页面过来，是 post 请求 """
            if request.method == 'POST':
                goods_id = request.GET.get('id')
                buy_car_obj = models.BuyCar.objects.filter(goods_id=goods_id,
buyer_id=buyer_id).first()
                if buy_car_obj:
                    """ 如果购物车中已存在此商品，只需要更改数量 """
                    count = request.POST.get('count')    # 获取商品数量
```

```
                count = int(count)                              # 商品数量
                buy_car_obj.goods_num += count
                buy_car_obj.save()
                # 需要向页面传数据
                goods_name = buy_car_obj.goods_name             # 商品名称
                goods_img_path = buy_car_obj.goods_picture      # 商品缩略图
                goods_price = buy_car_obj.goods_price           # 商品单价
                all_goods_price = count * int(goods_price)      # 小计
                return render(request, 'car_jump.html', locals())
            else:
                """如果购物车中没有此商品，就要创建对象到buycar表格"""
                # 获取表单提交过来的信息
                goods_id = request.GET.get('id')
                goods_name = request.POST.get('goods_name')
                goods_cprice = request.POST.get('goods_cprice')
                goods_img_path = request.POST.get('goods_img_path')
                count = request.POST.get('count')
                # 将数据保存到buycar数据库中
                models.BuyCar.objects.create(
                    goods_id=goods_id,
                    goods_name=goods_name,
                    goods_price=goods_cprice,
                    goods_num=count,
                    goods_picture=goods_img_path,
                    buyer_id=buyer_id
                )
                # 页面需要的数据
                goods_name = goods_name                         # 商品名称
                goods_img_path = goods_img_path                 # 商品缩略图
                goods_price = goods_cprice                      # 商品单价
                all_goods_price = int(count) * int(goods_price)  # 小计
                return render(request, 'car_jump.html', locals())
        else:
            """如果是从登录页面重定向到购物车页面，是GET请求"""
            # 从session中获取数据
            goods_id = request.session['goods_id']
            goods_name = request.session['goods_name']
            goods_cprice = request.session['goods_cprice']
            goods_img_path = request.session['goods_img_path']
            count = request.session['count']
            buy_car_obj = models.BuyCar.objects.filter(goods_id=goods_id,
buyer_id=buyer_id).first()
            if buy_car_obj:
                """如果购物车中存在此商品，只需要更改数量"""
```

```
            buy_car_obj.goods_num += int(count)
            buy_car_obj.save()
            # 需要向页面传数据
            goods_price = goods_cprice                          # 商品单价
            all_goods_price = int(count) * int(goods_price)    # 小计
            return render(request, 'car_jump.html', locals())
        else:
            """ 如果购物车中没有此商品，就要创建对象到 buycar 表格 """
            # 将数据保存到 buycar 数据库中
            models.BuyCar.objects.create(
                goods_id=goods_id,
                goods_name=goods_name,
                goods_price=goods_cprice,
                goods_num=count,
                goods_picture=goods_img_path,
                buyer_id=buyer_id
            )
            # 页面需要的数据

            goods_price = goods_cprice                          # 商品单价
            all_goods_price = int(count) * int(goods_price)   # 小计
            return render(request, 'car_jump.html', locals())
else:
    """ 买家还没有登录，就会进入购物车中转页 """
    # 保存添加到购物车中的数据
    goods_id = request.GET.get('id')
    goods_name = request.POST.get('goods_name')
    goods_cprice = request.POST.get('goods_cprice')
    goods_img_path = request.POST.get('goods_img_path')
    count = request.POST.get('count')
    request.session['goods_id'] = goods_id
    request.session['goods_name'] = goods_name
    request.session['goods_cprice'] = goods_cprice
    request.session['goods_img_path'] = goods_img_path
    request.session['count'] = count
    request.session["record_views"] = "car_jump"
    return redirect('/Buyer/login/')
```

首先判断买家是否登录，如果没有登录，则记录商品信息并定向到登录页；如果已登录，当为POST请求，之后判断购物车中是否已经存在，如果已存在，只需要修改商品数量；如果购物车中不存在该商品，则创建对象到buyer表格并将其保存到数据库；当为GET请求时，需要从session中重新获取商品信息，之后再判断是否在购物车中操作。

（4）加入购物车car_jump.html的前端代码如下：

```
{% extends "base.html" %}

{% load static %}

{% block content %}
<div class="cart_list">
    <!-- 须传入商品名称 -->
    <div class="cart_top">{{ goods_name }} 已经成功添加到购物车 </div>
    <div class="cart_listbox">
        <table width="100%" cellpadding="0" cellspacing="0" border='0px'>
            <tr>
                <th width='10%'> 商品名称 </th>
                <th width='20%'> 商品缩略图 </th>
                <th width='20%'> 商品单价 </th>
                <th width='20%'> 商品数量 </th>
                <th width='20%'> 商品小计 </th>
            </tr>

            <form method="post">
                <tr>
                    <!-- 须传入商品名称 -->
                    <td><a href="#">{{ goods_name }}</a></td>
                    <!-- 须传入商品缩略图 url -->
                    <td><a href="#"><img src="{% static goods_img_path
%}"></a></td>
                    <!-- 须传入商品价格 -->
                    <td>¥{{ goods_price }} 元 </td>
                    <!-- 须传入商品数量 -->
                    <td>{{ count }}</td>
                    <!-- 须传入商品小计 -->
                    <td>¥{{ all_goods_price }}</td>
            </form>
            </tr>

        </table>

        <br>
        <div>
            <!-- 须完善 a 标签 href 属性内容，须传入商品 id -->
            <a class="btn" href="/Buyer/goods_details/?id={{ goods_id
}}"> 返回详情页 </a>
            {# 需要判断当前用户是否登录 #}
            <!-- 须完善 a 标签 href 属性内容 -->
            <a class="btn" href="/Buyer/car_list/"> 去购物车结算 </a>
```

```
            </div>
        </div>
    </div>

    </div>
    {% endblock %}
```

完成开发后启动服务，若成功，会出现图4-4-2所示页面。

华为Matebook XPro 2021款已经成功添加到购物车

商品名称	商品缩略图	商品单价	商品数量	商品小计
华为Matebook XPro 2021款		￥6999.0元	1	￥6999

返回详情页 去购物车结算

图 4-4-2　加入购物车页面

步骤3： 购物车商品列表功能开发。

（1）在Buyer中创建一个购物车列表的视图函数car_list()，代码如下：

```
def car_list(request):
    pass
```

（2）在Buyer/urls.py中添加购物车列表视图函数的路由car_list。

```
path('car_list/', views.car_list)
```

（3）根据图4-4-3所示流程图，完善视图函数car_list()的功能，代码如下：

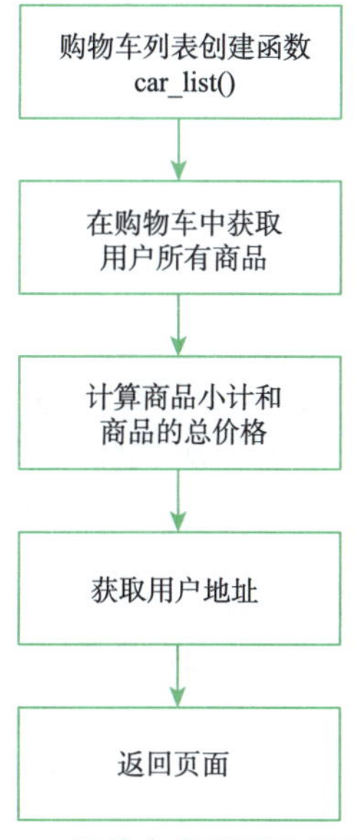

图 4-4-3　购物车商品列表的流程图

```
def car_list(request):
    # 1.去购物车中获取当前买家的所有商品
    buyer_id = request.session.get('buyer_id')  # 获取买家的 id
    buycar_obj_list = models.BuyCar.objects.filter(buyer_id=buyer_id)
                                                # 获取当前买家的购物车商品
    # 计算商品小计和所有商品的总价格
    new_buycar_list = []  # [{'obj1':obj1,'xiaoji':33},{}]
    total_price = 0       # 保存所有商品的总价格
    for buycar_obj in buycar_obj_list:
        print(buycar_obj)
        # (1) 计算商品小计
        goods_xiaoji = int(buycar_obj.goods_num) * float(buycar_obj.goods_
price)
        # (2) 创建字典
        dic = {'buycar_obj': buycar_obj, 'goods_xiaoji': goods_xiaoji}
        # (3) 将每个字典对象添加到列表中
        new_buycar_list.append(dic)
        # (4) 计算所有商品的总价
        total_price += goods_xiaoji
    # 2.获取当前买家的地址
    address_obj_list = models.Address.objects.filter(buyer_id=buyer_id)
    # 3. 返回页面
    return render(request, 'car_list.html',{'new_buycar_list': new_buycar_
list, 'address_obj_list': address_obj_list,'total_price': total_price})
```

获取买家购物车中所有商品，计算单个商品价格和所有商品总价格，获取买家快递地址，将数据返回到购物车列表页面。

(4) 购物车商品列表页面car_list.html的前端代码如下：

```
{% extends "base.html" %}

{% load static %}

{% block content %}
<div class="cart_list">
    <div class="cart_top">我的购物车</div>
    <!-- 完善 form 表单 action 属性，须跳转到确定订单页面 -->
    <form action="/Buyer/enter_order/" method="post">
        {% csrf_token %}
        <div class="cart_listbox">
            <table width="100%" cellpadding="0" cellspacing="0" border=
'0px'>
                <thead>
                <tr>
```

```
                <th width='10%'>
                    <input type="checkbox" id="all"
                            style="margin-top: 20px; margin-left: 10px;
width: 24px; height: 24px;">
                </th>
                <th width='10%'>商品名称</th>
                <th width='20%'>商品缩略图</th>
                <th width='20%'>商品单价</th>
                <th width='20%'>商品数量</th>
                <th width='20%'>商品小计</th>
                <th width='10%'>操作</th>
            </tr>
            </thead>
            <tbody id="j_tb">
            {% if new_buycar_list %}
            {% for buycar_obj_dict in new_buycar_list %}
            <tr>
                <td>

                    <input name="name_{{ buycar_obj_dict.buycar_obj.id }}"
                        value="{{ buycar_obj_dict.buycar_obj.id }}"
                        type="checkbox"
                        style="margin-left: 60px; width: 24px; height:
24px;">
                </td>
                {# 商品名称 #}
                <!-- 须传入商品名称 -->
                <td><a href="#">{{ buycar_obj_dict.buycar_obj.goods_
name }}</a></td>
                {# 商品图片 #}
                <!-- 须传入商品缩略图 url -->
                <td>
                    <a href="#"><img src="{% static buycar_obj_dict.
buycar_obj.goods_picture %}"/></a>
                </td>
                {# 商品单价 #}
                <!-- 须传入商品单价 -->
                <td>¥{{ buycar_obj_dict.buycar_obj.goods_price }}元</td>
                {# 商品数量 #}
                <td><input type="submit" name="-" value="-" class=
"btn1" formaction=""/>
                    <!-- 须传入商品数量，完善 input 标签的 value 属性 -->
                    <input type="text" value="{{ buycar_obj_dict.
buycar_obj.goods_num }}" name="count"class="text1"/>
```

```
                <input type="submit" name="+" value="+" class=
"btn1" formaction=""/></td>
            <!-- 须传入商品小计 -->
            <td>¥{{ buycar_obj_dict.goods_xiaoji }}</td>
            <td>
                {% comment %}购物车 id{% endcomment %}
                <!-- 完善 a 标签的 href 属性 -->
                <a href="/Buyer/delete_buycar_goods/?id={{ buycar_
obj_dict.buycar_obj.id }}">删除</a>
            </td>
        </tr>
        {% endfor %}
        {% else %}
        <tr>
            <td colspan="6" style="text-align: center;">购物车空
空如也~~,请快去购物吧!</td>
        </tr>
        {% endif %}
        </tbody>
    </table>

</div>
<div class="shouhuo">
    <div class="shouhuo_top">收货信息</div>
    <label>收货地址:</label>
    <select name="address" id="" class="input">
        {% for address_obj in address_obj_list %}
        <!-- 完善 value 属性,须传入收货人 id。option 标签中须传入收货人
姓名,收货人地址 -->
        <option value="{{ address_obj.id }}" class="input">{{
address_obj.receiver }}---{{ address_obj.address}}
        </option>
        {% endfor %}
    </select>
    <!-- 完善 a 标签 href 属性,须跳转到收货地址添加页面 -->
    <a href="/Buyer/address_list/"><span style="color: chartreuse;
font-size: 50px ">+</span> </a>

    <label>支付方式:</label>
    <select name="pay_Method" id="" class="input">
        <option selected value="zfb" class="input">支付宝</option>
    </select>
</div>
<div class="goon">
```

```
            <div class="clearcart">
                <!-- 完善 a 标签 href 属性 -->
                <a href="/Buyer/clear_buycar/" class="btn">清空购物车</a>
            </div>
            <div class="totalprice">
                总计:{{ total_price }}
            </div>

            <div class="order">
                <input type="submit" value=" 立即下单 " class="btn"/>
            </div>

        </div>
    </form>
</div>
{#   复选框 的 js #}
<script>
    function check(selector) {
        return document.querySelector(selector)    // 捕获的是一个数组
    }

    check("#all").onclick = function () {
        var input = check('#j_tb').getElementsByTagName('input');
        for (var i = 0; i < input.length; i++) {
            //this 执行函数的对象 checked 属性，返回当中选中的状态，也可以赋值使用
            input[i].checked = this.checked
        }
    };
    var inputs = check('#j_tb').getElementsByTagName('input');
    for (var i = 0; i < inputs.length; i++) {
        inputs[i].onclick = function () {
            var flag = true;
            /*flag = false 底下的复选框全被选中 */
            for (var j = 0; j < inputs.length; j++) {
                if (!inputs[j].checked) {
                    flag = false;
                }
            }
            check('#all').checked = flag;
        }
    }

</script>

{% endblock %}
```

完成开发后启动服务，若成功，会出现图4-4-4所示页面。

图 4-4-4　商品列表页面

步骤4： 删除购物车商品功能开发。

（1）在Buyer中创建一个删除购物车商品的视图函数delete_buycar_goods()，代码如下：

```
def delete_buycar_goods(request):
    pass
```

（2）在Buyer/urls.py中添加删除购物车商品视图函数的路由delete_buycar_goods。

```
path('delete_buycar_goods/', views.delete_buycar_goods)
```

（3）根据图4-4-5所示流程图，完善视图函数delete_buycar_goods()的功能，代码如下：

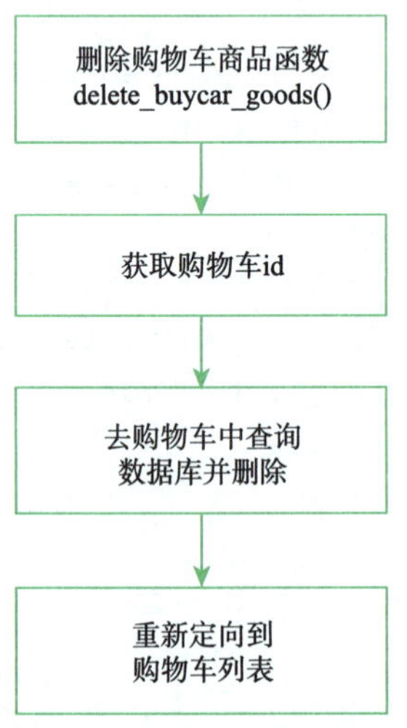

图 4-4-5　删除购物车商品功能流程图

```
def delete_buycar_goods(request):
    # 1.获取购物车 id
```

```
    buycar_id = request.GET.get('id')
    # 2. 去数据库中查询数据，并删除
    models.BuyCar.objects.get(id=buycar_id).delete()
    # 3. 重定向到购物车列表页面
    return redirect('/Buyer/car_list/')
```

根据前端获取的购物车中商品id，根据id到数据库中查询数据并删除，重新定向到购物车列表。

步骤5： 清空购物车功能开发。

(1) 在Buyer中创建一个清空购物车的视图函数clear_buycar()，代码如下：

```
def clear_buycar(request):
    pass
```

(2) 在Buyer/urls.py中添加清空购物车视图函数的路由clear_buycar。

```
path('clear_buycar/', views.clear_buycar)
```

(3) 根据图4-4-6所示流程图，完善视图函数clear_buyer()的功能，代码如下：

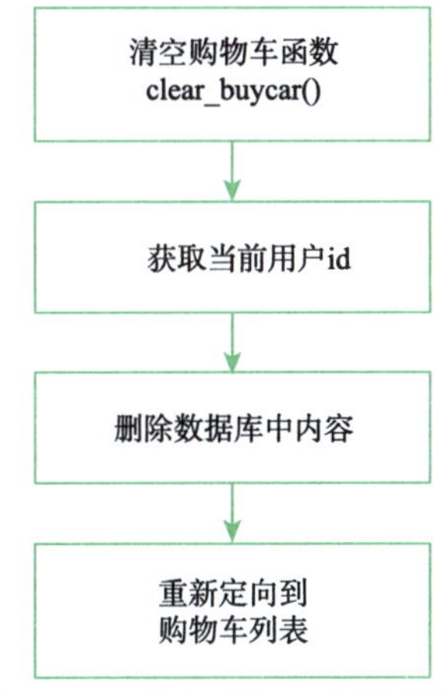

图 4-4-6 清空购物车功能流程图

```
def clear_buycar(request):
    # 1. 获取当前买家的 id
    buyer_id = request.session.get('buyer_id')
    # 2. 删除数据库中的记录
    models.BuyCar.objects.filter(buyer_id=buyer_id).delete()
    # 3. 重定向到购物车列表页面
    return redirect('/Buyer/car_list/')
```

在session中获取当前买家id，删除该id的购物车商品内容，然后重新定向到购物车列表。

步骤6： 码云提交代码，TAPD提交任务。

任务考评

【购物车操作】考评记录

姓名		完成日期	
序号	考核内容	标准分	评分
1	在TAPD中领取任务，从码云仓库拉取代码	10	
2	完成商品加入购物车功能开发	20	
3	完成购物车列表功能开发	20	
4	完成删除购物车商品功能开发	20	
5	完成清空购物车功能开发	20	
6	码云提交代码，TAPD提交任务	10	
总评分		100	

任务实现心得：

购物车逻辑是什么？如何判断买家是登录购买的？

学习笔记

任务5 下单支付

任务描述

情境描述	和第三方接口对接的开发任务，同学们都没有接触过，这一部分对于同学们来说比较困难。但是胜利就在眼前，同学们秉着不抛弃不放弃的精神开始在网上找资料。聂老师看在眼里急在心里，因此请了S公司一位有丰富开发经验的工程师给大家讲解了一些关于对接第三方接口的知识，结合大家已经在网上找到的资料，同学们茅塞顿开，开始一期项目最后一个模块的开发
任务分解	分析上面的工作情境，将任务分解如下： 1. 创建订单功能开发。 2. 个人中心订单功能开发。 3. 安装支付宝开放平台开发助手。 4. 使用开发助手生成密钥操作。 5. 支付宝支付功能开发。 6. 买家评论功能开发
任务准备	1. 需要充分体验支付宝购物支付过程。 2. 对支付宝开放平台要有深入了解

任务目标

知识目标	1. 掌握第三方平台接口开发方法。 2. 掌握python-alipay-sdk工具的使用方法。 3. 掌握使用开发文档进行项目开发技巧
技能目标	1. 能够把第三方接口接入到项目中进行开发。 2. 能够根据开发文档进行项目开发
素养目标	耐心与创新：在开发支付宝支付过程中，通过解决第三方接口和电商网站的兼容性等问题，提高个人的项目实战能力

任务实现

步骤1: 在TAPD中领取任务，从码云仓库拉取代码。

步骤2: 买家创建订单功能开发

（1）在Buyer中创建一个创建订单的视图函数enter_order()，代码如下：

```
def enter_order(request):
    pass
```

（2）在Buyer/urls.py中添加创建订单视图函数的路由enter_order。

```
path('enter_order/', views.enter_order)
```

（3）根据图4-5-1所示流程图，完善视图函数enter_order()的功能，代码如下：

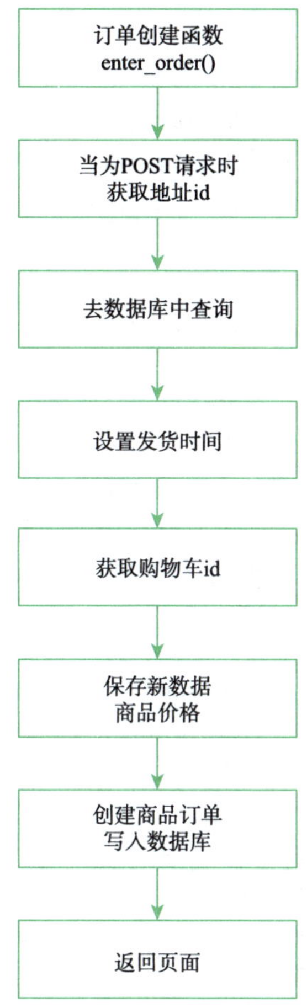

图 4-5-1　创建订单功能流程图

```
def enter_order(request):
    if request.method == 'POST':
        # 1. 获取地址 id
        address_id = request.POST.get('address')
        # 2. 去数据中查询，因为 id 是唯一的，因此不需要获取买家 id
        address_obj = models.Address.objects.get(id=address_id)
        # 发货时间
        time = datetime.datetime.now()
        now_time = time.strftime('%Y-%m-%d %H:%M:%S')
        # 3. 获取购物车 id {'name':zs,'age':12,'weight':111} xx.items()
        new_buycar_list = []          # 保存新的组织好的数据
        goods_total_money = 0         # 商品总价格
        for key, buycar_id in request.POST.items():
            if key.startswith('name'):
                # 4. 根据购物车 id 查找购物商品
```

```
                buycar_obj = models.BuyCar.objects.get(id=buycar_id)
                # (1) 商品小计
                goods_xiaoji = int(buycar_obj.goods_num) * float(buycar_obj.
goods_price)
                # (2) 将对象保存到列表中
                new_buycar_list.append(
                    {'buycar_obj': buycar_obj, 'goods_xiaoji': goods_xiaoji}
                )
                # 5. 计算商品总价格
                goods_total_money += goods_xiaoji
        # 6. 创建订单，保存到数据库
        order_obj = models.Order()

        order_obj.order_num = time.strftime('%Y%m%d') + str(get_random_num())
                                            # 订单号
        order_obj.order_time = now_time                  # 订单时间
        order_obj.order_status = "1"                     # 订单状态 未支付
        order_obj.order_total = goods_total_money # 商品的总价
        order_obj.buyer_id = request.session.get('buyer_id')  # 管理买家
        order_obj.address = address_obj                  # 管理的地址
        order_obj.save()
        # 7. 创建商品订单表
        for new_buycar_dict in new_buycar_list:
            # (1) 获取购物车对象
            buycar_obj = new_buycar_dict.get('buycar_obj')
            # (2) 保存到数据库
            models.OrderGoods.objects.create(
                goods_id=buycar_obj.goods_id,
                goods_name=buycar_obj.goods_name,
                goods_price=buycar_obj.goods_price,
                goods_num=buycar_obj.goods_num,
                goods_picture=buycar_obj.goods_picture,
                order=order_obj
            )
        # 8. 返回页面
        return render(request, 'enter_order.html', locals())
```

当买家下单时，需要获取买家地址，设置发货时间，获取买家购物商品，保存新数据、商品价格，创建商品订单，写入数据库，返回页面。

（4）创建订单enter_order.html的前端代码如下：

```
{% extends "base.html" %}

{% load static %}
```

```
{% block content %}
        <div class="xq">
            <div class="location"><a href="">我的订单</a> ><a href="">查看订单
</a></div>
            <div class="shouhuo">
                <div class="shouhuo_top">收货信息</div>
                <div class="shouhuo_bottom">
                    <!-- 须传入收货人姓名 -->
                    <p>收货人：{{ address_obj.receiver }}</p>
                    <!-- 须传入收货人电话 -->
                    <p>收货人电话：{{ address_obj.phone }}</p>
                    <!-- 须传入收货人地址 -->
                    <p>收货人地址：{{ address_obj.address }}</p>
                    <p>支付方式：支付宝</p>
                    <!-- 须传入当前时间 -->
                    <p>发货时间：{{ now_time }}</p>
                </div>
            </div>
            <table width="100%" cellspacing="0" cellpadding="0" border="0"
class="table1">
                <tr style="height: 50px">
                    <td width="20%" align="center">商品</td>
                    <td width="20%" align="center">名称</td>
                    <td width="20%" align="center">单价</td>
                    <td width="20%" align="center">数量</td>
                    <td width="20%" align="center">实付金额</td>
                </tr>
            </table>

            <table width="100%" cellspacing="0" cellpadding="0" border="0"
class="table3" style="border-top:none">
                {% for buycar_dict in new_buycar_list %}

                    <tr style="height: 50px;border-top:none">
                        <td width="20%" align="center">
                            <a href="" target="_blank">
                                {# 图片 #}
                                <!-- 须传入商品缩略图 url -->
                                <img src="{% static buycar_dict.buycar_obj.
goods_picture %}">
                            </a>
                        </td>
                        <td width="20%" align="center">
```

```
                        <!-- 须传入商品名称 -->
                        <a href="" target="_blank">{{ buycar_dict.buycar_
obj.goods_name }}</a>
                    </td>
                    <!-- 须传入商品单价 -->
                    <td width="20%" align="center"><span class="price123">
{{ buycar_dict.buycar_obj.goods_price }}¥</span></td>
                    <!-- 须传入商品数量 -->
                    <td width="20%" align="center">{{ buycar_dict.buycar_
obj.goods_num }}</td>
                    <!-- 须传入商品小计 -->
                    <td width="20%" align="center"><span class="price123">
{{ buycar_dict.goods_xiaoji }}</span></td>
                </tr>
            {% endfor %}
        </table>
        <table width="100%" cellspacing="0" cellpadding="0" border="0"
class="table2">
            <tr style="height: 50px" class="table2">
                <!-- 须传入订单日期 -->
                <td width="15%">日期:{{ order_obj.order_time }}</td>
                <!-- 须传入订单号 -->
                <td width="15%">订单号:{{ order_obj.order_num }}</td>
                <td width="70%"></td>
            </tr>
        </table>

        <p style=" text-align: right; line-height: 50px; font-family:'
微软雅黑'; font-size: 20px; ">
            <!-- 须传入商品总价 -->
            商品总计: ¥{{ goods_total_money }}元
            <!-- 完善a标签的href属性
    {# 参考:href="/Buyer/alipay_method/?order_num={{ order.order.num }}&total=
{{ order.total }}"   #}
                -->
            <a href="/Buyer/alipay_method/?order_id={{order_obj.id}}&order_
num={{ order_obj.order_num }}&total={{ goods_total_money }}">
                <button class="btn" style="margin-left: 40px;" id="yes_
but">确认下单</button>
            </a>
        </p>
    </div>
{% endblock %}
```

步骤3： 个人中心订单列表页面开发。

（1）在Buyer中创建一个订单列表的视图函数my_order()，代码如下：

```
def my_order(request):
    pass
```

（2）在Buyer/urls.py中添加订单列表视图函数的路由my_order。

```
path('my_order/', views.my_order)
```

（3）根据图4-5-2所示流程图，完善视图函数my_order()的功能，代码如下：

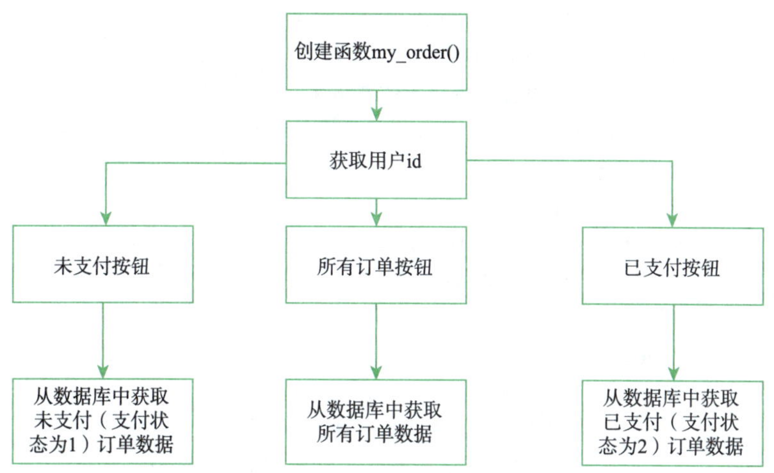

图 4-5-2　订单列表功能流程图

```
def my_order(request):
    # 当前登录的账号 id
    buyer_id = request.session.get('buyer_id')
    # but=1 表示待支付按钮
    if request.GET.get("but") == "1":
        order_list = models.Order.objects.filter(order_status="1", buyer_
id=buyer_id).all()
        return render(request, "my_order.html", locals())
    # but=2 表示已支付按钮
    elif request.GET.get("but") == "2":
        order_list = models.Order.objects.filter(order_status="2", buyer_
id=buyer_id).all()
        return render(request, "my_order.html", locals())
    order_list = models.Order.objects.filter(buyer_id=buyer_id).all()
    return render(request, "my_order.html", locals())
```

获取当前买家账号id，当单击“未支付”按钮时，即支付状态为1时（未支付）：获取订单中所有状态为1的订单，将数据返回到页面上；当单击“已支付”按钮时，即支付状态为2时（已支付）：获取订单中所有状态为2的订单，将数据返回到页面上；根据账号id

查询数据库中所有订单，并将数据返回到页面中。

（4）个人订单列表my_order.html的前端代码如下：

```
{% extends "base.html" %}

{% load static %}

{% block content %}
<div class="cart_list">
    <div class="cart_top">
        我的订单
        <span style="float: right;">
            <button class="btn">
                <!-- 须完善 a 标签 href 属性 -->
                <a href="/Buyer/my_order/" style="color: white;">所有订单</a>
            </button>
            <button class="btn">
                <!-- 须完善 a 标签 href 属性 -->
                <a href="/Buyer/my_order/?but=1" style="color: white;">
待支付</a>
            </button>
            <button class="btn">
                <!-- 须完善 a 标签 href 属性 -->
                <a href="/Buyer/my_order/?but=2" style="color: white;">
已支付</a>
            </button>
        </span>
    </div>
    <div class="cart_listbox">
        <div>
            <table>
                <tr>
                    <th width='20%'>商品名称</th>
                    <th width='10%'>商品缩略图</th>
                    <th width='10%'>商品单价</th>
                    <th width='10%'>支付状态</th>
                    <th width='15%'>总价</th>
                    <th width='15%'>订单号</th>
                    <th width='20%'>操作</th>
                </tr>
            </table>
        </div>
        {% for order_obj in order_list %}
        <div style="width: 100%; margin-top: 25px; background: #fbfbf6; ">
```

```
                <table width="100%" cellpadding="0" cellspacing="0" border=
'1px' style="border-collapse:collapse;">
                    {% if order_obj.ordergoods_set.all.count == 1 %}
                    <tr>
                        <th width="20%">{{ order_obj.ordergoods_set.first.
goods_name }}</th>
                        <th width="10%"><img src="/static/{{ order_obj.
ordergoods_set.first.goods_picture }}"></th>
                        <th width="10%">{{ order_obj.ordergoods_set.first.
goods_price }}</th>

                        {% if order_obj.order_status == "1" %}
                        <th width="10%" rowspan="{{ order_obj.ordergoods_
set.all.count }}"> 未支付 </th>
                        {% elif order_obj.order_status == "2" %}
                        <th width="10%" rowspan="{{ order_obj.ordergoods_
set.all.count }}"> 已支付 </th>
                        {% endif %}

                        <th width="15%" rowspan="{{ order_obj.ordergoods_
set.all.count }}">{{ order_obj.order_total }}</th>
                        <th width="15%" rowspan="{{ order_obj.ordergoods_
set.all.count }}">{{ order_obj.order_num }}</th>

                        {% if order_obj.order_status == "1" %}
                        <th width="20%" rowspan="{{ order_obj.ordergoods_
set.all.count }}">
                            <a href="/Buyer/delete_order/?order_id={{
order_obj.id }}">取消订单 </a>
                            <a href="/Buyer/alipay_method/?order_num={{ order_
obj.order_num }}&order_id={{ order_obj.id }}&total={{ order_obj.order_total }}">
立即付款 </a>
                        </th>
                        {% elif order_obj.order_status == "2" %}
                        <th width="20%" rowspan="{{ order_obj.ordergoods_
set.all.count }}">
                            <a href="/Buyer/user_evaluation/?goods_id={{
order_obj.ordergoods_set.first.goods_id }}">评价商品 </a>
                            <a href="/Buyer/goods_details/?id={{ order_obj.
ordergoods_set.first.goods_id }}"> 商品详情 </a>
                        </th>
                        {% endif %}
                    </tr>
                    {% else %}
```

```
                {% for ordergoods_obj in order_obj.ordergoods_set.all %}
                {% if ordergoods_obj.id == order_obj.ordergoods_set.
all.first.id %}
                <tr>
                    <th width="20%">{{ ordergoods_obj.goods_name }}</th>
                    <th width="10%"><img src="/static/{{ ordergoods_
obj.goods_picture }}"></th>
                    <th width="10%">{{ ordergoods_obj.goods_price }}</th>
                    {% if order_obj.order_status == "1" %}
                    <th width="10%" rowspan="{{ order_obj.ordergoods_
set.all.count }}">未支付</th>
                    {% elif order_obj.order_status == "2" %}
                    <th width="10%" rowspan="{{ order_obj.ordergoods_
set.all.count }}">已支付</th>
                    {% endif %}

                    <th width="15%" rowspan="{{ order_obj.ordergoods_
set.all.count }}">{{ order_obj.order_total }}</th>
                    <th width="15%" rowspan="{{ order_obj.ordergoods_
set.all.count }}">{{ order_obj.order_num }}</th>

                    {% if order_obj.order_status == "1" %}
                    <th width="20%" rowspan="{{ order_obj.ordergoods_
set.all.count }}">
                        <a href="/Buyer/delete_order/?order_id={{
order_obj.id }}">取消订单</a>
                        <a href="/Buyer/alipay_method/?order_num={{
order_obj.order_num }}&order_id={{ order_obj.id }}&total={{ order_obj.
order_total }}">立即付款</a>
                    </th>
                    {% elif order_obj.order_status == "2" %}
                    <th width="20%">
                        <a href="/Buyer/user_evaluation/?goods_id={{
ordergoods_obj.goods_id }}">评价商品</a>
                        <a href="/Buyer/goods_details/?id={{
ordergoods_obj.goods_id }}">商品详情</a>
                    </th>
                    {% endif %}
                </tr>
                {% else %}
                {% if order_obj.order_status == "1" %}
                <tr>
                    <th width="20%">{{ ordergoods_obj.goods_name }}</th>
```

```
                    <th width="10%"><img src="/static/{{ ordergoods_obj.goods_picture }}"></th>
                    <th width="10%">{{ ordergoods_obj.goods_price }}</th>
                </tr>
                {% elif order_obj.order_status == "2" %}
                <tr>
                    <th width="20%">{{ ordergoods_obj.goods_name }}</th>
                    <th width="10%"><img src="/static/{{ ordergoods_obj.goods_picture }}"></th>
                    <th width="10%">{{ ordergoods_obj.goods_price }}</th>
                    <th width="20%">
                        <a href="/Buyer/user_evaluation/?goods_id={{ ordergoods_obj.goods_id }}">评价商品</a>
                        <a href="/Buyer/goods_details/?id={{ ordergoods_obj.goods_id }}">商品详情</a>
                    </th>
                </tr>
                {% endif %}
                {% endif %}
                {% endfor %}
                {% endif %}
            </table>
        </div>
        {% endfor %}
    </div>
</div>
{% endblock %}
```

完成开发后启动服务，若成功，会出现图4-5-3所示页面。

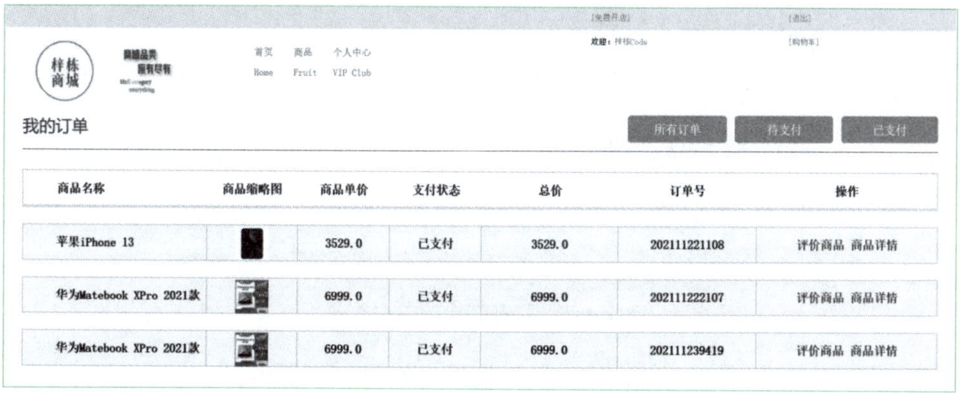

我的订单

商品名称	商品缩略图	商品单价	支付状态	总价	订单号	操作
苹果iPhone 13		3529.0	已支付	3529.0	202111221108	评价商品 商品详情
华为Matebook XPro 2021款		6999.0	已支付	6999.0	202111222107	评价商品 商品详情
华为Matebook XPro 2021款		6999.0	已支付	6999.0	202111239419	评价商品 商品详情

图 4-5-3　个人中心评论列表页面

步骤4： 支付宝开放平台开发助手。

（1）单击https://opendocs.alipay.com/open/291/105971#LDsXr链接，找到图4-5-4所示的Windows工具，单击下载。

图 4-5-4 下载开发助手

（2）完成lipayDevelopmentAssistant-1.0.7.exe安装，单击“下一步”按钮，如图4-5-5所示。

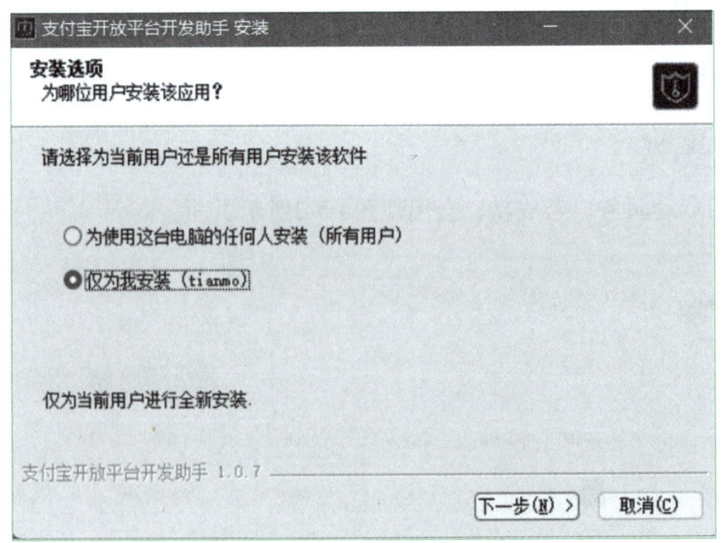

图 4-5-5 打开开发助手安装包

（3）选择安装路径之后，单击“安装”按钮，如图4-5-6所示。

（4）单击“完成”按钮结束安装，打开工具支付宝开发平台助手，如图4-5-7 所示。

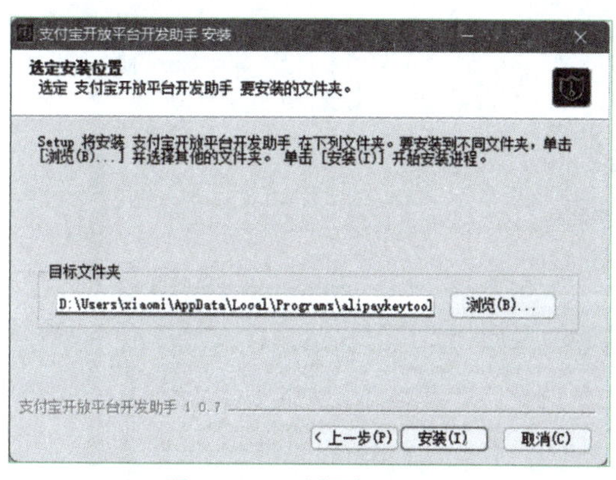

图 4-5-6　选择安装路径

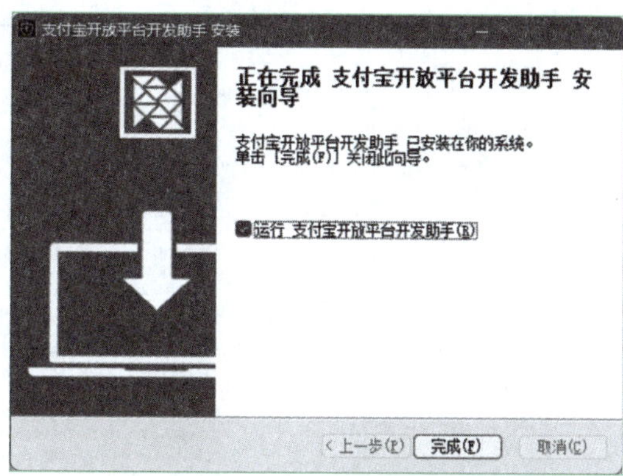

图 4-5-7　完成安装

步骤5: 使用支付宝开放平台开发助手生成密钥。

（1）密钥生成工具中的密钥长度选择RSA2，密钥格式选择PKCS1（非Java适用），如图4-5-8所示。

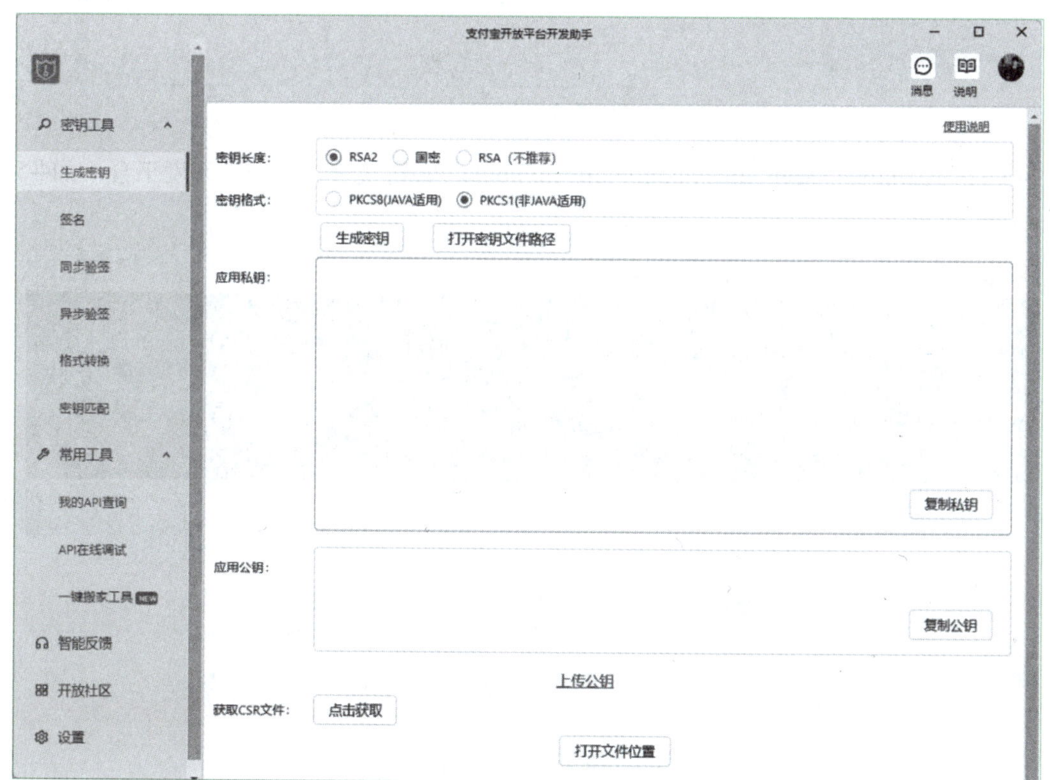

图 4-5-8　选择密钥参数

（2）单击“生成密钥”按钮，生成应用私钥和公钥，如图4-5-9所示。

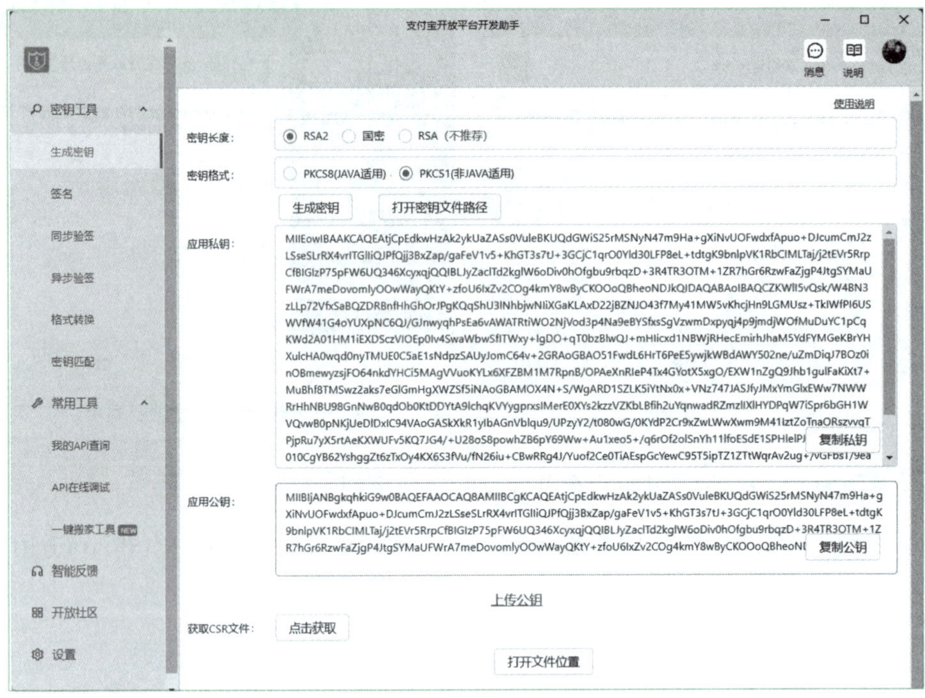

图 4-5-9　生成密钥

（3）单击https://open.alipay.com/platform/home.htm链接进入支付宝开发平台，如4-5-10所示。

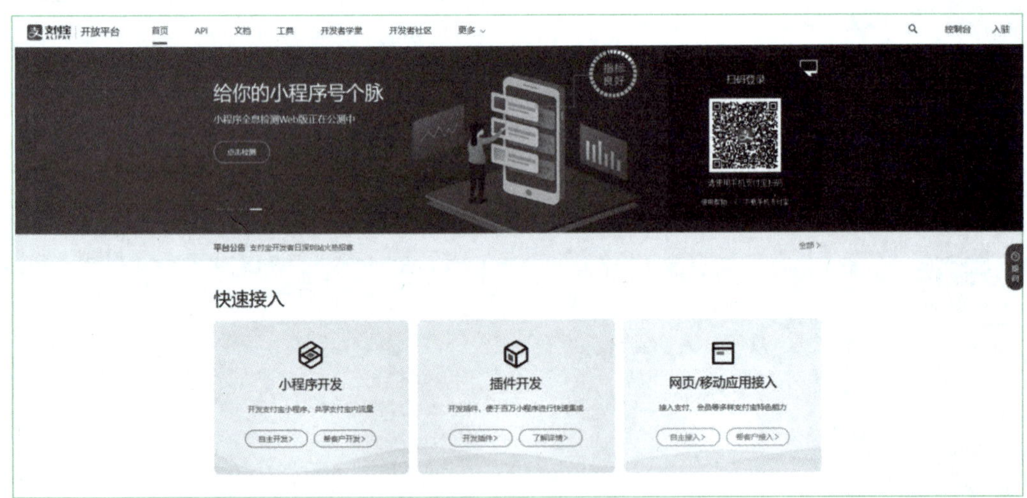

图 4-5-10　打开支付宝开发平台

（4）使用支付宝扫描登录平台，登录后单击“研发服务”按钮，进入沙箱环境，如图4-5-11所示。

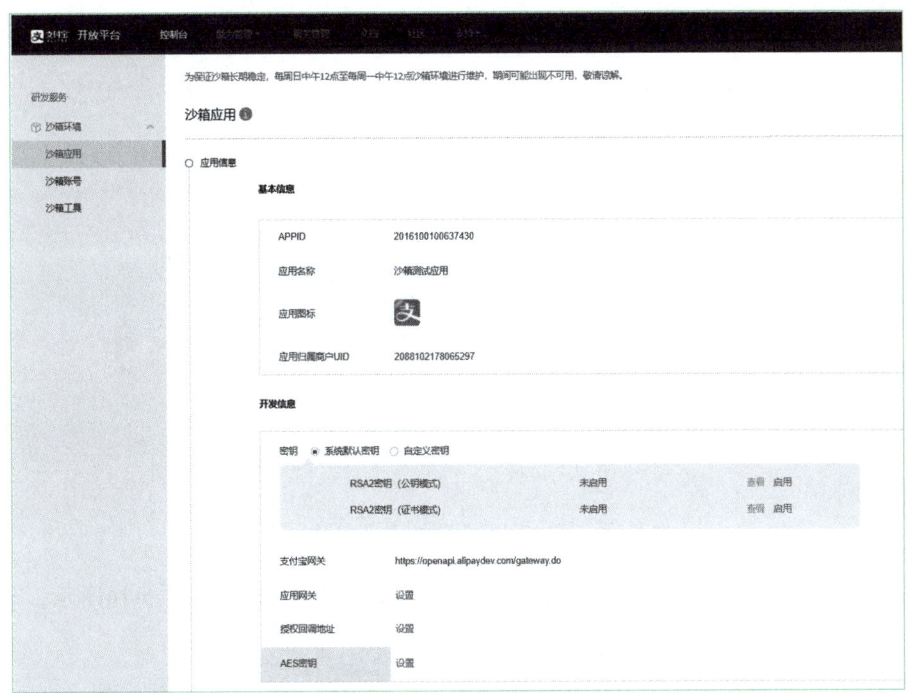

图 4-5-11 进入沙箱页面

（5）在“沙箱应用”的“开发信息”区域的“密钥”选项组中选中“自定义密钥”单选按钮，选择“RSA2密钥（公钥模式）”选项后，出现弹框，选择“公钥”加签模式，如图4-5-12所示。

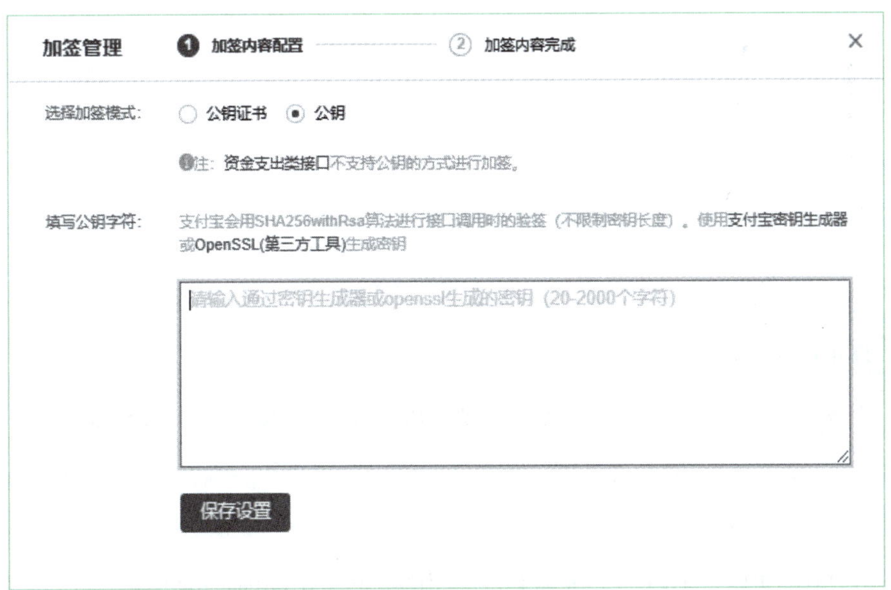

图 4-5-12 打开填写公钥页面

（6）将平台开发助手生成的应用公钥粘贴到文本框中，单击“保存设置”按钮，如图4-5-13所示，这样就生成了支付宝公钥。

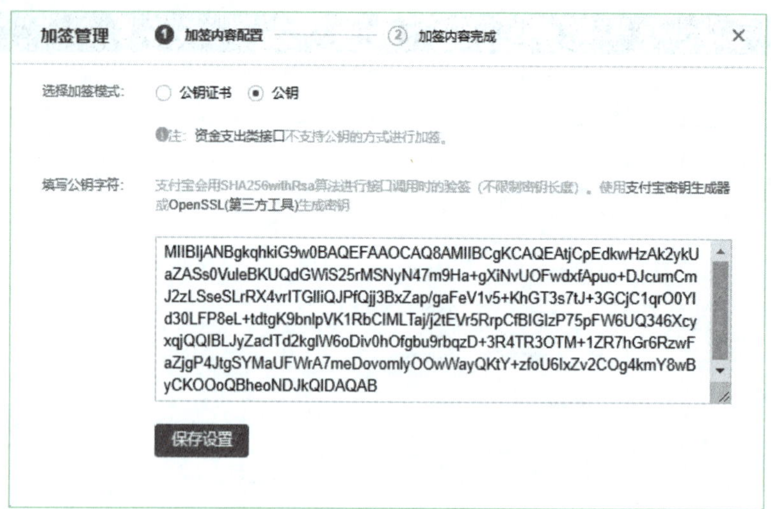

图 4-5-13　填写开发助手公钥

（7）单击“查看”超链接打开密钥页面，查看支付宝公钥，如图4-5-14所示。

图 4-5-14　查看生成支付公钥

步骤6: 支付宝支付功能开发。

（1）在Buyer中创建一个支付宝支付的视图函数alipay_method()，代码如下：

```
def alipay_method(request):
    pass
```

（2）在Buyer/urls.py中添加支付宝支付视图函数的路由alipay_method。

```
path('alipay_method/', views.alipay_method)
```

（3）安装python-alipay-sdk包（安装该包后才能调用支付宝接口），安装代码如下：

```
pip install python-alipay-sdk==2.3.0
```

（4）根据图4-5-15所示流程图，完善视图函数alipay_method()的功能。

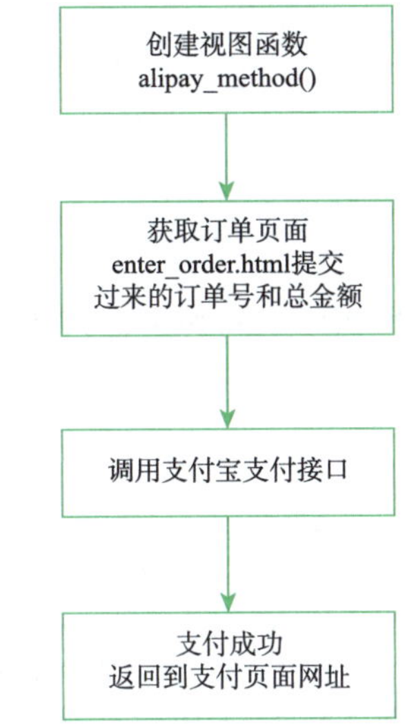

图 4-5-15　支付宝支付功能流程图

流程图中调用支付宝支付功能时要定义pay()函数，其功能是调用支付宝支付接口，具体操作如下：

①设置一个变量（app_private_key_string）用来存放应用公钥，应用公钥定义格式如下：

```
"""-----BEGIN RSA PRIVATE KEY-----
应用公钥字符串
-----END RSA PRIVATE KEY-----
"""
```

②设置另外一个变量（alipay_public_key_string）用来存放支付宝公钥，支付宝公钥格式如下：

```
"""-----BEGIN PUBLIC KEY-----
支付宝公钥字符串
-----END PUBLIC KEY-----
"""
```

③创建一个类并实例化对象（alipay），需要传入类的参数如下：

- appid（支付宝的应用id）；
- app_notify_url（默认回调url）；
- app_private_key_string（应用公钥）；
- alipay_public_key_string（支付宝公钥）；
- sign_type（设置为RSA或者RSA2）；

- debug（默认是True）。

④当计算机支付时，创建新对象order_string，来引用对象（alipay）调用支付方法api_alipay_trade_page_pay，需要传入参数如下：

- out_trade_no（订单id）；
- otal_amount（总价）；
- subject（主题）；
- return_url（支付成功返回订单号）；
- notify_url（通知网址）。

⑤当支付完成后返回支付页面https://openapi.alipaydev.com/gateway.do?+order_string。

在开发pay()函数功能之前，需要定义一个函数，其功能是当支付成功后删除购物车中的订单，代码如下：

```
def delete_car_goods(request):
    order_id = request.GET.get("order_id")
    buyer_id = request.session.get('buyer_id')
    # 根据订单号，当前登录账号 id 查询商品 id，然后进行删除
    good_obj = models.OrderGoods.objects.filter(order_id=order_id)
    for good_row in good_obj:
        models.BuyCar.objects.filter(goods_id=good_row.goods_id, buyer_
id=buyer_id).delete()

    # 当前时间
    time = datetime.datetime.now()
    now_time = time.strftime('%Y-%m-%d %H:%M:%S')
    # 改变当前订单状态，2 表示已支付状态
    order = models.Order.objects.get(id=order_id)
    order.order_status = "2"
    order.order_time = now_time
    order.save()

    return redirect('/Buyer/my_order/')
```

支付宝支付函数pay()的代码如下：

```
def pay(order_num, total, order_id):
    # 应用的私钥
    app_private_key_string = """-----BEGIN RSA PRIVATE KEY-----
              MIIEowIBAAKCAQEAtjCpEdkwHzAk2ykUaZASs0VuleBKUQdGWiS
              25rMSNyN47m9Ha+gXiNvUOFwdxfApuo+DJcumCmJ2zLSseSLrRX
              4vrITGlIiQJPfQjj3BxZap/gaFeV1v5+KhGT3s7tJ+3GCjC1qrO
              0Yld30LFP8eL+tdtgK9bnlpVK1RbCIMLTaj/j2tEVr5RrpCfBIG
              IzP75pFW6UQ346XcyxqjQQIBLJyZaclTd2kglW6oDiv0hOfgbu9
              rbqzD+3R4TR3OTM+1ZR7hGr6RzwFaZjgP4JtgSYMaUFWrA7meDo
              vomlyOOwWayQKtY+zfoU6IxZv2COg4kmY8wByCKOOoQBheoNDJk
              QIDAQABAoIBAQCZKWlI5vQsk/W4BN3zLLp72VfxSaBQZDRBnfHh
              GhOrJPgKQqShU3lNhbjwNIiXGaKLAxD22jBZNJO43f7My41MW5v
```

```
        KhcjHn9LGMUsz+TkIWfPI6USWVfW41G4oYUXpNC6QJ/GJnwyqhP
        sEa6vAWATRtiWO2NjVod3p4Na9eBYSfxsSgVzwmDxpyqj4p9jmd
        jWOfMuDuYC1pCqKWd2A01HM1iEXDSczVIOEp0Iv4SwaWbwSfITW
        xy+IgDO+qT0bzBlwQJ+mHIicxd1NBWjRHecEmirhJhaM5YdFYMG
        eKBrYHXulcHA0wqd0nyTMUE0C5aE1sNdpzSAUyJomC64v+2GRAo
        GBAO51FwdL6HrT6PeE5ywjkWBdAWY502ne/uZmDiqJ7BOz0inOB
        mewyzsjFO64nkdYHCi5MAgVVuoKYLx6XFZBM1M7RpnB/OPAeXnR
        IeP4Tx4GYotX5xgO/EXW1nZgQ9Jhb1gulFaKiXt7+MuBhf8TMSw
        z2aks7eGlGmHgXWZSf5iNAoGBAMOX4N+S/WgARD1SZLK5iYtNx0
        x+VNz747JASJfyJMxYmGlxEWw7NWWRrHhNBU98GnNwB0qdOb0Kt
        DDYtA9lchqKVYygprxsIMerE0XYs2kzzVZKbLBfih2uYqnwadRZ
        mzlIXlHYDPqW7iSpr6bGH1WVQvwB0pNKjUeDlDxIC94VAoGASkX
        kR1yIbAGnVblqu9/UPzyY2/t080wG/0KYdP2Cr9xZwLWwXwm9M4
        1IztZoTnaORszvvgTPjpRu7yX5rtAeKXWUFv5KQ7JG4/+U28oS8
        powhZB6pY69Ww+Au1xeo5+/q6rOf2olSnYh11lfoESdE1SPHlel
        PJxNbGETFnTp010CgYB62YshggZt6zTxOy4KX6S3fVu/fN26iu+
        CBwRRg4J/Yuof2Ce0TiAEspGcYewC95T5ipTZ1ZTtWqrAv2ug+/
        vGFbsT/9eaI2QXZSlOxoQxgJrpJwfLY8axS9WmnV0rRjjLqturF
        kNYpbHgD0BHRMtriruu40oqvzmrgEZ78liZ3QKBgFBlSOf8oQCg
        r5gMOQ5QnoKXgfBK4b7GlFqkpvmncU6m2OZJrah7UAL7SwJC9+Z
        slDHyQCpLxQKLoL0qxqBQS8EFWzJ0exnrooZdruXBDutMnNTN4X
        EasOc8/5ey8Fs8hGLXc8S8m/VsG/QtFTtgnMJsyuDwhm2hUpCOs
        2o1+w6W
        -----END RSA PRIVATE KEY-----
    """
# 支付宝的公钥
alipay_public_key_string = """-----BEGIN PUBLIC KEY-----
        MIIBIjANBgkqhkiG9w0BAQEFAAOCAQ8AMIIBCgKCAQEAg1DR
        JpM2tgIh48XqP8FM5sBnpV53xZToYWMtvilu48D5DZgXaSHO
        5Nbuu08BPSe26gq9am3QEU/E2VUn9q+c+J47DoUrWMf9zf/i
        CJIg2bfwDDt7J0vWR5aua1cs3awTCmudqbUWXGHV7l74/n08
        dWm1JUL/v7pRpsxh3syOC4rQZE+OepCdFPqaMRjl/uPNSuOX
        EOS0YYkZmE0eTcppSTcGhXQZeRyoi+XibA9EpRjQLVAXTFrr
        IY7B0naIlHBwXha4c2EVr4WNWs4dWuhfF6MUU2bRgp5aAERz
        1UZb3/6AsuR4vqgKjeX3HLtRisLHaxJRd+6RmC2Wjh6fs0V70wIDAQAB
        -----END PUBLIC KEY-----
    """

alipay = AliPay(
    appid="2016100100637430",
    app_notify_url=None,              # 默认回调 url
    app_private_key_string=app_private_key_string,
    # 支付宝的公钥，验证支付宝回传消息时使用，不是用户自己的公钥
    alipay_public_key_string=alipay_public_key_string,
    sign_type="RSA2",                     # RSA 或者 RSA2
    debug=True,                           # 默认值为 False
)
# 计算机网站支付，需要跳转到 https://openapi.alipay.com/gateway.do? + order_string
order_string = alipay.api_alipay_trade_page_pay(
    out_trade_no=order_num,               # 订单 id
```

```
        total_amount=total,                 # 支付金额。注意是字符串类型
        subject='全球水果生鲜商城',           # 主题
        # 支付成功跳转路径 回传订单号
        return_url='http://127.0.0.1:8000/Buyer/delete_car_goods/?order_
id=' + order_id + "&",
        notify_url=None                 # 可选，不填则使用默认值notify url
    )
    # 返回支付页面网址
    return 'https://openapi.alipaydev.com/gateway.do?' + order_string
```

开发好支付宝支付接口后，逐步完成支付宝支付功能开发，代码如下：

```
def alipay_method(request):
    # 1.获取提交过来的订单号和总价格
    order_num = request.GET.get('order_num')            # 订单号
    order_id = request.GET.get('order_id')              # 订单id
    total = float(request.GET.get('total'))             # 商品总价

    # 2.调用支付宝
    url = pay(order_num, total, order_id)
    # 3.返回页面
    return redirect(url)
```

步骤7： 登录支付宝沙箱账号支付。

（1）在开发平台的沙箱环境中找到沙箱账号（稍后会使用买家信息的账号和密码，用户必须牢记），如图4-5-16所示。

图 4-5-16 查找沙箱账号

（2）手机扫描二维码下载沙箱版支付宝，二维码如图4-5-17所示。

图 4-5-17　下载沙箱版支付宝

（3）在步骤2中单击“立即下单”超链接后会转跳到支付宝支付页面，如图4-5-18所示。

图 4-5-18　支付宝支付页面

（4）使用沙箱账号登录支付宝沙箱App，扫码支付成功后会出现图4-5-19所示页面。

图 4-5-19　支付成功

步骤8： 买家商品评价功能开发。

（1）在Buyer中创建一个买家评价视图函数user_evaluation()，代码如下：

```
def user_evaluation(request):
    pass
```

（2）在Buyer/urls.py中添加买家评价视图函数的路由user_evaluation。

```
path('user_evaluation/', views.user_evaluation)
```

（3）完善视图函数user_evaluation()的功能。

根据前端传来的商品id，从数据库中获取商品好评、差评、中评的数量及评价数之和，返回到前端页面，代码如下：

```
def user_evaluation(request):
    goods_id = request.GET.get("goods_id")
    print("goods_id", goods_id)
    # 根据商品 id 反向查询评论
    goods_obj = seller_models.Goods.objects.get(id=goods_id)
    # 商品评价数量
    accumulate_comments_num = goods_obj.goodscomments_set.all().count()
    # 差评数量
    negative_comments_num = goods_obj.goodscomments_set.all().filter(comment_
state=0).count()
    # 中评数量
    medium_comments_num = goods_obj.goodscomments_set.all().filter(comment_
state=1).count()
    # 好评数量
    good_comments_num = goods_obj.goodscomments_set.all().filter(comment_
state=2).count()
    return render(request, "user_evaluation.html", locals())
```

（4）用户发表评论user_evaluation.html的前端代码如下：

```
{% extends "base.html" %}
{% load static %}
{% block content %}
    <style>
        .a{
            display:block;
            margin: 10px;
            margin-left: 12%;
            padding:30px 15px;
            background-color: #e3e0e0;
            color: #159d65;
```

```
            border-radius:10px;
            width:110px;
            height: 50px;
            float: left;
            text-align: center;
            font-size: 20px;
        }
    </style>
    <div class="cart_list">
        <div class="cart_top">追加评论</div>
    </div>
    <div >
        <div class="a">
            <p>累计评论数</p>
            <p>{{ leiji_comments_num }}</p>
        </div>
        <div class="a">
            <p>好评数</p>
            <p>{{ haoping_comments_num }}</p>
        </div>
        <div class="a">
            <p>中评数</p>
            <p>{{ zhongping_comments_num }}</p>
        </div>
        <div class="a" style="">
            <p>差评数</p>
            <p>{{ chaping_comments_num }}</p>
        </div>
    </div>
    <div>
    <!-- 须完善form标签action属性 -->
        <form method="post" action="/Buyer/make_comment/">
            {% csrf_token %}
            <input type="hidden" name="fabiao" value="发表评论">
            <!-- 须传入商品id -->
            <input type="hidden" name="id" value="{{ goods_id  }}">
            <div style="margin-left: 170px">
                <textarea maxlength=50 rows="3" cols="100"
name="comment_statement" style="font-size: 22px;
                 padding: 15px; letter-spacing: 5px">评论内容不要超过50个
字!</textarea>
            </div>
            <div style="margin-left: 64%; padding: 20px; font-size: 22px">
                <span>评论态度:</span>
```

```
                    <input type="radio" name="goods_state" value="2" style=
"padding: 50px">
                    <span>好评</span>
                      <input type="radio" name="goods_state" value="1" >
                    <span>中评</span>
                      <input type="radio" name="goods_state" value="0" >
                    <span>差评</span>
                </div>
                <div style="margin-left: 74%">
                    <input type="submit" value="发表评论" class="make_comment"
style="width: 200px; height: 50px;">
                </div>
            </form>
        </div>
    {% endblock %}
```

完成开发后启动服务，若成功，会出现图4-5-20所示页面。

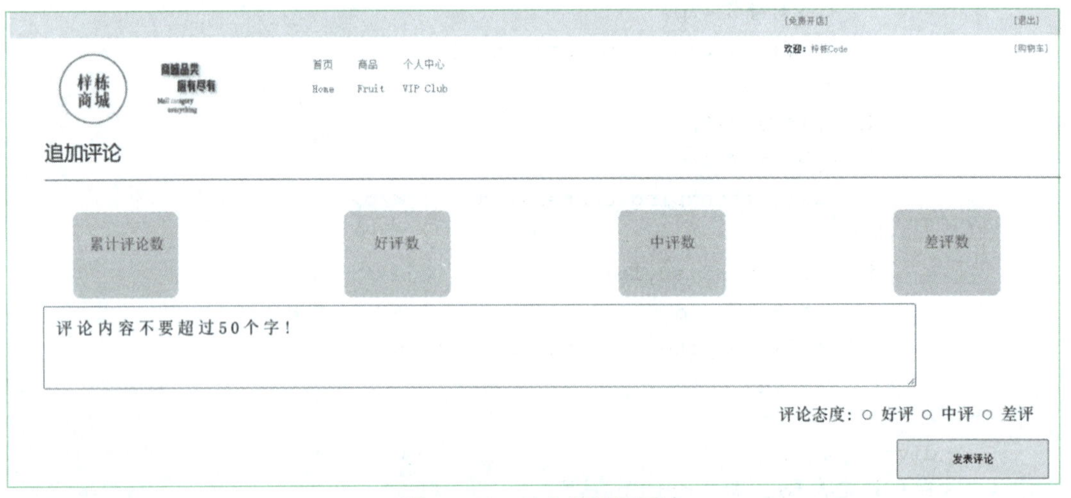

图 4-5-20　追加评论页面

步骤9： 发表评论功能开发。

（1）在Buyer中创建一个发表评论的视图函数make_comment()，代码如下：

```
def make_comment(request):
    pass
```

（2）在Buyer/urls.py中添加发表评论视图函数的路由make_comment。

```
path('make_comment/', views.make_comment)
```

（3）完善视图函数make_comment的功能。

当买家单击“发表评论”按钮时，表示已经填好评论内容，并选择了评价类型，此时只需要获取当前买家id、商品id和当前时间，最后将数据保存到商品评价数据表中，重定向到买家个人中心中，代码如下：

```
def make_comment(request):
    # 获取当前商品 id
    goods_id = request.POST.get("id")
    # 获取输入的评论
    comment_statement = request.POST.get("comment_statement")
    # 设置当前时间
    now_time = time.strftime('%Y-%m-%d %H:%M:%S')
    # 获取当前账号 id
    buyer_id = request.session.get("buyer_id")
    # 获取当前评论状态 0 差 1 良 2 优
    goods_state = request.POST.get("goods_state")

    models.GoodsComments.objects.create(
        comment_state=goods_state,
        comment_statement=comment_statement,
        comment_time=now_time,
        buyer_id=buyer_id,
        goods_id=goods_id
    )
    return redirect('/Buyer/my_order/')
```

步骤10： 买家个人中心商品评论列表开发。

（1）在Buyer中创建一个买家个人中心商品评论列表的视图函数my_goods_comments()，代码如下：

```
def my_goods_comments(request):
    pass
```

（2）在Buyer/urls.py中添加买家个人中心评论列表功能路由my_goods_comments。

```
path(my_goods_comments /', views.my_goods_comments)
```

（3）根据图4-5-21所示流程图，完善视图函数my_goods_comments()的功能，代码如下：

```
def my_goods_comments(request):
    # 获取当前登录的账号
    username = request.session.get("username")
    # 查询该账号的所有评论
    goods_comments = models.GoodsComments.objects.filter(buyer__name=username)
    return render(request, 'my_comments_list.html', {'goods_comments':
goods_comments})
```

图 4-5-21　商品评论列表流程图

在session中获取当前登录的买家账户，查询买家所有评论，将评论返回到前端。

（4）买家评论my_comments_list.html的前端代码如下：

```
{% extends "base.html" %}

{% load static %}

{% block content %}
<div class="cart_list">
    <div class="cart_top">我的评论</div>
    <div class="cart_listbox">
        <table width="100%" cellpadding="0" cellspacing="0" border='0px'>
            <tr>
                <th width='10%'>
                    <input type="checkbox" id="all"style="margin-top: 20px;
                        margin-left: 10px; width: 24px; height: 24px;">
                </th>
                <th width='10%'>评论商品</th>
                <th width='10%'>评论商品图</th>
                <th width='10%'>评论态度</th>
                <th width='40%'>评论词句</th>
                <th width='10%'>评论时间</th>
                <th width='10%'>操作</th>
            </tr>
            {% for goods_comment in goods_comments %}
            <tr>
                <th width='10%'>
                    <input type="checkbox" id="all"style="margin-top:
                        20px; margin-left: 10px; width: 24px;
height: 24px;">
```

```
                    </th>
                    <!-- 须传入评论商品名称 -->
                    <th width='10%'>{{ goods_comment.goods.goods_name }}</th>
                    {% for img_path in goods_comment.goods.image_set.all %}
                    <th width='10%'>
                        <!-- 须完善 img 标签 src 属性 -->
                        <img src="/static/{{ img_path.img_address }}">
                    </th>
                    <!-- 须传入评论态度 -->
                    {% endfor %}
                    {% if goods_comment.comment_state == 2 %}
                    <th width='10%'>好评</th>
                    {% elif goods_comment.comment_state == 1 %}
                    <th width='10%'>中评</th>
                    {% elif goods_comment.comment_state == 0 %}
                    <th width='10%'>差评</th>
                    {% endif %}
                    <!-- 须传入评论商品语句 -->
                    <th width='40%'>{{ goods_comment.comment_statement }}</th>
                    <!-- 须传入评论商品时间 -->
                    <th width='10%'>{{ goods_comment.comment_time }}</th>
                    <th width='10%'>
                        <!-- 须完善 a 标签 href 属性 -->
                        <a href="/Buyer/my_comments_delete/?comment_id={{ goods_
comment.id }}">删除</a>
                    </th>
                </tr>
                {% endfor %}
            </table>
        </div>
    </div>
    <script>
        function submit() {
            var inputs = document.getElementsByName("checkbox");
            var result = "/buyer/enter_order?";
            for (var i = 0; i < inputs.length; i++) {
                if (inputs[i].checked) {
                    result += "key_" + i + "=" + inputs[i].value + "&"
                }
            }
            window.location.href = result.slice(0, -1)
        }

        function check(selector) {
```

```
        return document.querySelector(selector)        //捕获的是一个数组
    }

    check("#all").onclick = function () {
        var input = document.getElementsByName("checkbox");
        for (var i = 0; i < input.length; i++) {
            //this 执行函数的对象 checked 属性，返回当中选中的状态，也可以赋值使用
            input[i].checked = this.checked
        }
    };
    var inputs = document.getElementsByName("checkbox");
    for (var i = 0; i < inputs.length; i++) {
        inputs[i].onclick = function () {
            var flag = true;
            /*flag = false 底下的复选框全被选中 */
            for (var j = 0; j < inputs.length; j++) {
                if (!inputs[j].checked) {
                    flag = false;
                }
            }
            check('#all').checked = flag;
        }
    }
</script>
{% endblock %}
```

完成开发后启动服务，若成功，会出现图4-5-22所示页面。

图 4-5-22　买家个人中心评论页面

步骤11： 删除买家个人中心商品评论功能开发。

（1）在Buyer中创建一个删除买家评论的视图函数my_comments_delete()，代码如下：

```
def my_comments_delete(request):
    pass
```

（2）在Buyer/urls.py中添加删除买家评论路由my_comments_delete。

```
path('my_comments_delete/', views.my_comments_delete)
```

（3）根据图4-5-23所示流程图，完善视图函数my_comments_delete()的功能，代码如下：

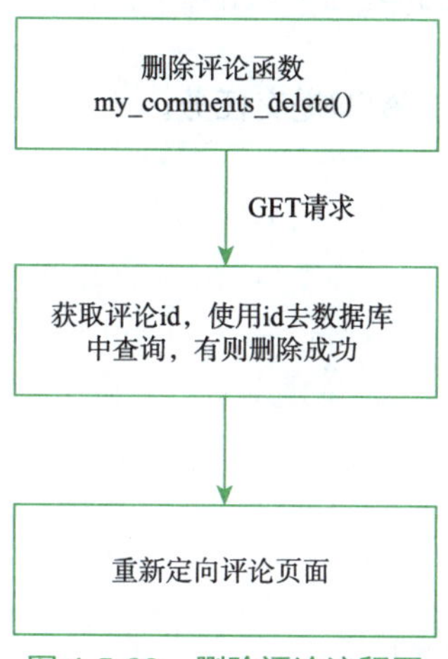

图 4-5-23　删除评论流程图

```
def my_comments_delete(request):
    # 获取传回来的评论 id
    comment_id = request.GET.get("comment_id")
    # 删除这个评论
    models.GoodsComments.objects.filter(id=comment_id).delete()
    return redirect('/Buyer/my_goods_comments/')
```

获取前端提交评论id，使用id在数据库中删除此评论，重新定向到买家评论页面。

步骤12： 取消订单功能开发。

（1）在Buyer中创建一个取消订单的视图函数delete_order()，代码如下：

```
def delete_order(request):
    pass
```

（2）在Buyer/urls.py中添加取消订单视图函数的路由delete_order。

```
path('delete_order/', views.delete_order)
```

（3）完善视图函数delete_order()的功能。

当买家单击“取消订单”按钮时，后端获取前端传过来的order_id，根据order_id查询订单并删除，返回到订单中心页面，代码如下：

```
def delete_order(request):
    # 获取前端页面传过来的order_id
    order_id = request.GET.get("order_id")
    # 根据order_id查询并删除订单
    models.Order.objects.filter(id=order_id).delete()
    return redirect('/Buyer/my_order/')
```

步骤13： 码云提交代码，TAPD提交任务。

学习笔记

【下单支付】考评记录

姓名		完成日期	
序号	考核内容	标准分	评分
1	在TAPD中领取任务，从码云仓库拉取代码	5	
2	完成买家创建订单功能开发	10	
3	完成个人中心订单列表页面开发	10	
4	完成支付宝开放平台开发助手	10	
5	完成使用支付宝开放平台开发助手生成密钥	10	
6	完成支付宝支付功能开发	10	
7	完成登录支付宝沙箱账号支付	10	
8	完成买家商品评价功能开发	5	
9	完成发表评论功能开发	5	
10	完成买家评论功能模块开发	5	
11	完成删除买家评论功能开发	5	
12	完成取消订单功能开发	10	
13	码云提交代码，TAPD提交任务	5	
总评分		100	

任务实现心得：

1. 下单支付的流程是什么？后端如何判断买家是否支付成功？
2. 简述支付过程中公钥和私钥的作用。

学习笔记

单元 5 项目结项

该项目的所有功能模块已经开发完毕，要想整个网站能够正常运行，需要测试各个功能模块之间的通信。故本单元进行项目测试和项目发布，项目测试主要采用代码联调的方式，当测试没有问题，就可以进行项目发布，项目发布主要在 CentOS 7 虚拟机上模拟项目发布。

学习目标

通过本单元的学习，使学生掌握代码联调、项目部署的知识，培养学生能够独立测试 Django 项目，在服务器上部署 Django 网站的能力。

任务 1 代码联调

任务描述

情境描述	同学们已经把电商网站的所有功能点开发完毕，接下来需要将各个模块整合在一起。 同学们对软件测试不是很了解，所以特意请教了陈老师，询问相关知识并让陈老师就该电商网站讲解了一些测试重点，同学们茅塞顿开
任务分解	分析上面的工作情境，需要完成代码联调
任务准备	1. 项目开发已完成并能够正常运行。 2. 学习测试所需要的知识

任务目标

知识目标	1. 掌握掌握项目测试的方法。 2. 掌握代码联调的原理
技能目标	能够使用测试原理检查项目的错误
素养目标	耐心与严谨：在项目测试过程中，通过解决系统缺陷等问题，提高个人的耐心与严谨的作风

任务实现

步骤1: 在 TAPD 中领取任务，从码云仓库拉取代码。

步骤2: 使用命令在PyCharm中启动项目，命令如下：

```
python manage.py runserver
```

步骤3: 测试卖家注册功能与登录功能的连接。

（1）进入卖家注册页面进行注册，如图5-1-1所示。

（2）进入卖家登录页面，使用刚刚注册的账号进行卖家登录（登录成功则页面跳转至卖家首页），如图5-1-2和图5-1-3所示。

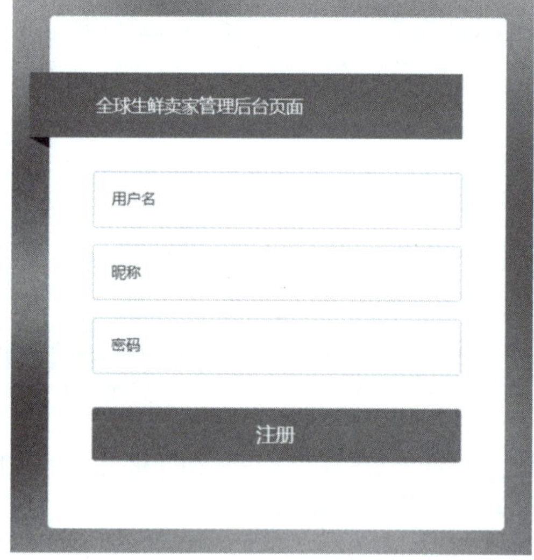

图 5-1-1 卖家注册

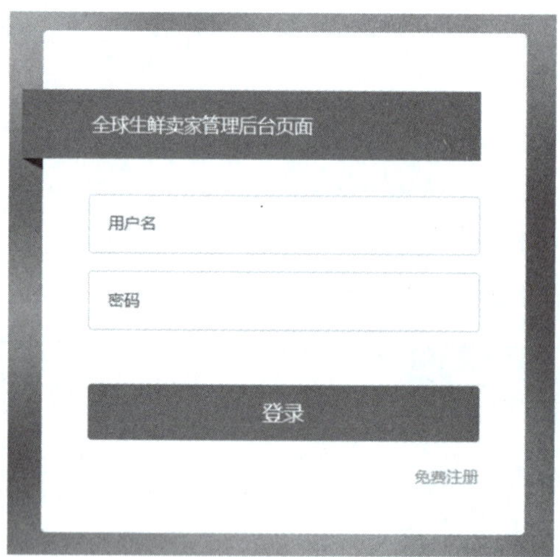

图 5-1-2 卖家登录

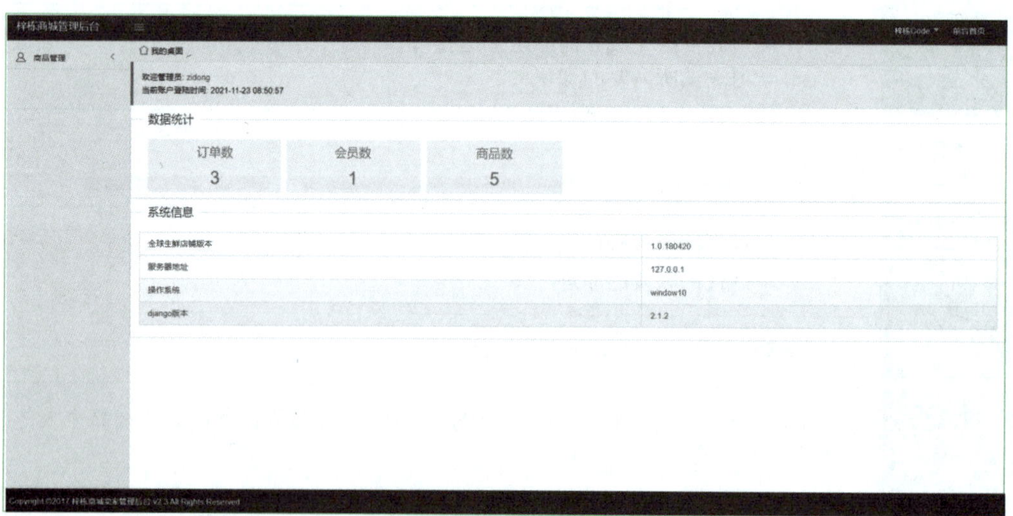

图 5-1-3 后台主页

步骤4： 测试买家注册功能与登录功能的连接。

（1）进入买家注册页面进行注册，如图5-1-4所示。

图 5-1-4 买家注册页面

（2）进入买家登录页面，使用刚刚注册的账号进行买家登录（登录成功则页面跳转至商城首页），如图5-1-5和图5-1-6所示。

图 5-1-5 买家登录页面

图 5-1-6 商城首页

步骤5： 测试卖家上传的商品能否在买家系统中显示。

（1）使用卖家账号登录系统，并新增四个商品，如图5-1-7所示。

商品序号	商品编号	商品名称	商品原价	商品现价	商品库存	商品销量	商品浏览量	商品描述	操作
1	0020	华为Matebook XPro 2021款	7999	6899	10000	10000	7	华为Matebook XPro 2021款	编辑 删除
2	0030	iPhone 13系列	6199	5189	20000	20000	8	2021新款 iPhone 13系列	编辑 删除
3	0040	OPPO Reno6Pro	3799	3189	8767	8767	4	OPPO新款手机	编辑 删除
4	0050	苹果iPhone 12	3900	3529	7676	7676	6	Apple/苹果国行双卡	编辑 删除
5	0060	Apple MacBook Pro	23499	23480	545	54	1	2021款M1芯片	编辑 删除

图 5-1-7　商品列表页面

（2）使用买家账号登录系统，查看买家系统是否显示刚刚新增的商品，如图5-1-8所示。

图 5-1-8　商品列表

步骤6： 测试买家是否能将商品加入购物车。

（1）使用买家账号登录系统，单击系统中的一个商品并将其加入购物车，如图5-1-9所示。

（2）使用该账号退出系统，然后重新登录，打开该账号的购物车，查看购物车中是否存在刚刚加入购物车的商品信息，如图5-1-10所示。

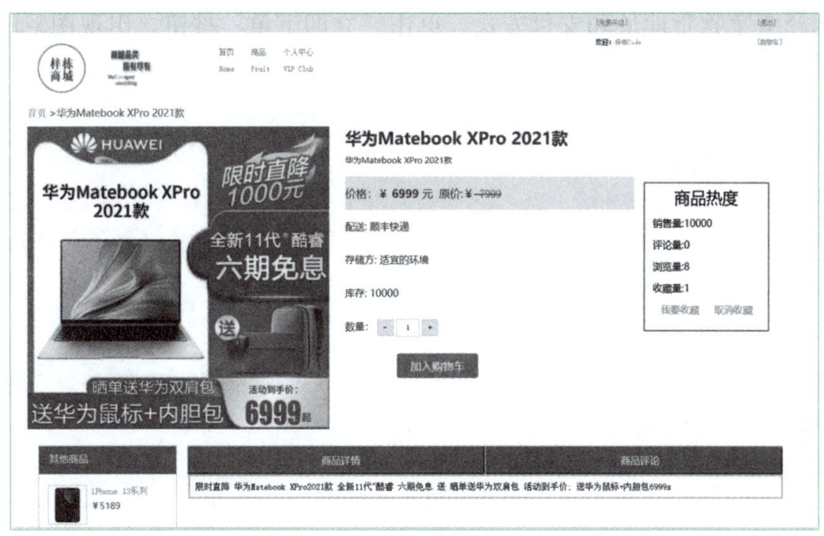

图 5-1-9 商品详情页

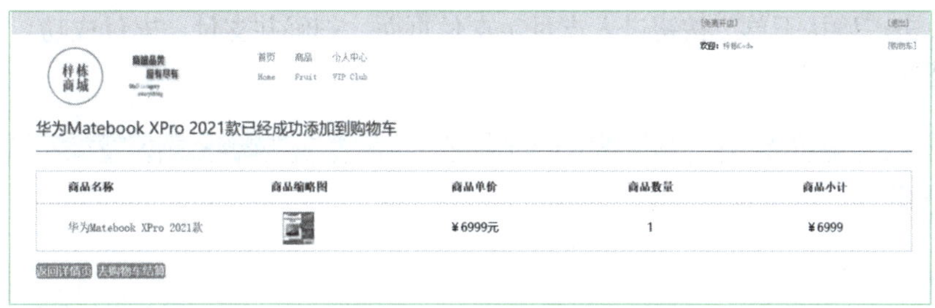

图 5-1-10 购物车页面

步骤7： 测试买家购买商品。

（1）使用买家账号登录系统，打开购物车勾选其中一个商品（如果购物车为空，则在系统中选择一个商品并加入购物车），如图5-1-11所示。

首页 商品 个人中心
Home Fruit VIP Club

我的购物车

商品名称	商品缩略图	商品单价	商品数量	商品小计	操作
华为Matebook XPro 2021款		¥6999.0元	1	¥6999.0	删除

收货信息

收货地址： 支付方式：支付宝

清空购物车 立即下单 总计:6999.0

图 5-1-11 购买页面

（2）选择买家收货地址和支付方式，单击“立即下单”按钮，出现图5-1-12所示的页面。

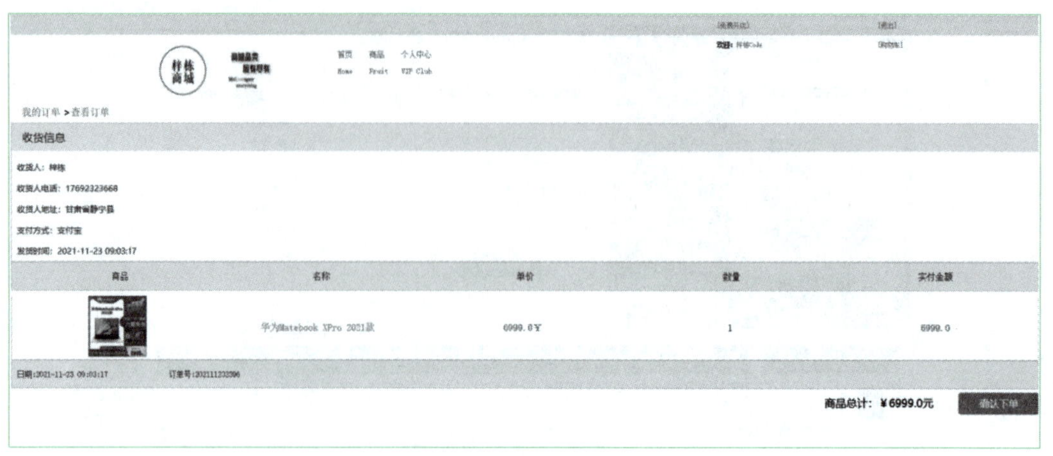

图 5-1-12　下单支付页面

（3）单击“确认下单”按钮进入支付宝支付页面，扫码并支付，支付成功，如图5-1-13和图5-1-14所示。

图 5-1-13　支付页面

图 5-1-14　支付成功页面

（4）支付成功后，可以在个人中心查看自己的订单，如图5-1-15所示。

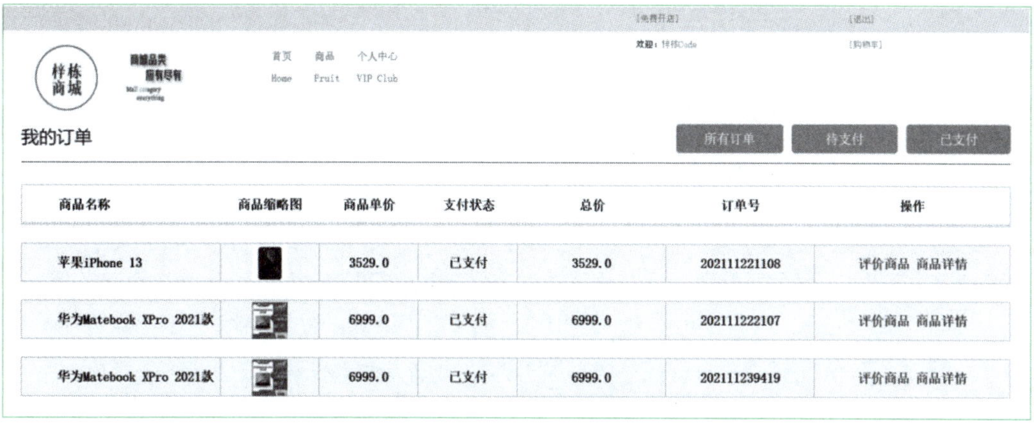

梓栋商城　首页 商品 个人中心　Home Fruit VIP Club

我的订单　所有订单　待支付　已支付

商品名称	商品缩略图	商品单价	支付状态	总价	订单号	操作
苹果iPhone 13		3529.0	已支付	3529.0	202111221108	评价商品 商品详情
华为Matebook XPro 2021款		6999.0	已支付	6999.0	202111222107	评价商品 商品详情
华为Matebook XPro 2021款		6999.0	已支付	6999.0	202111239419	评价商品 商品详情

图 5-1-15　我的订单页面

（5）收货后可以评价商品，单击“评价商品”超链接，进入商品评价页面，如图5-1-16所示。

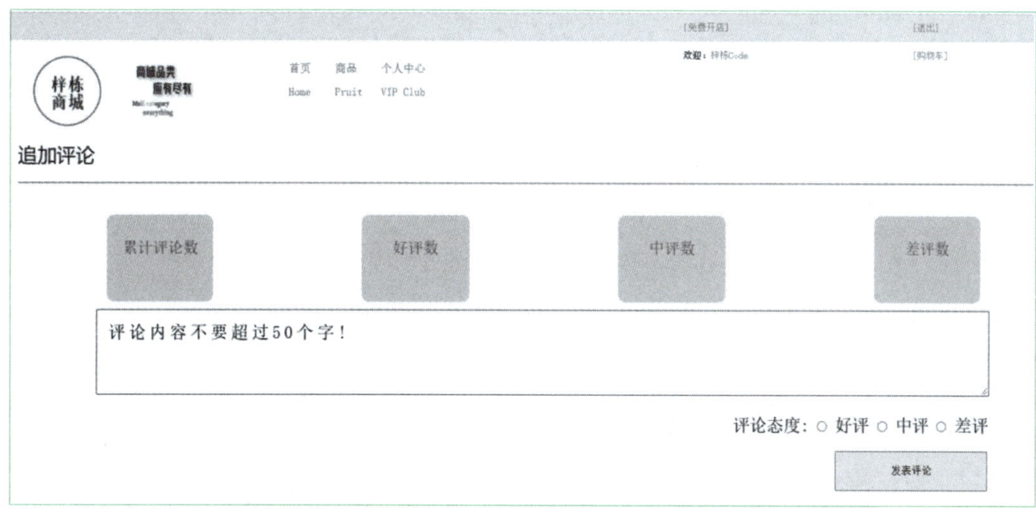

图 5-1-16　商品评论页面

步骤8： 码云提交代码，TAPD提交任务和bug。

学习笔记

任务考评

【代码联调】考评记录

姓名		完成日期	
序号	考核内容	标准分	评分
1	在TAPD中领取任务，从码云仓库拉取代码	5	
2	（卖家部分）注册、登录、卖家主页、商品类型等详细功能正常	10	
3	（卖家部分）商品类型的增加、商品列表、商品的增加等详细功能正常	20	
4	（买家部分）主页、注册、登录、登录后的界面等详细功能正常	20	
5	（买家部分）个人中心、我的地址、新增地址、我的收藏等详细功能正常	20	
6	（买家部分）历史收藏、我的评论、商品详情、某个商品的详细功能正常	20	
7	在码云提交代码，TAPD提交任务和bug	5	
总评分		100	

任务实现心得：

实训任务

实训内容	项目的单元测试

步骤1：在项目中写测试版本。

Django应用的测试应该写在应用的tests.py文件里。测试系统会自动在所有以tests开头的文件中寻找并执行测试代码。

将下面的代码写入每个应用的tests.py文件中，样例代码如下：

```
class MYmodelTest(TestCase):
    def setUp(self) -> None:
        models.Seller.objects.create(name="admin", nickname="admin",
password="123")

    def test_query(self):
        res=models.Seller.objects.get(password="123")
        self.assertEqual(res.name,"admin")

    def test_add(self):
        models.Seller.objects.create(name="zs",nickname="zs",password="123")
        res = models.Seller.objects.filter(password="123")
        self.assertEqual(len(res),2)

    def test_update(self):
        seller_obj = models.Seller.objects.get(name="admin")
        seller_obj.name="ls"
        seller_obj.nickname="ls"
        seller_obj.password="123"
        seller_obj.save()
        res = models.Seller.objects.get(name="ls")
        self.assertEqual(res.name,"ls")

    def test_delete(self):
        obj = models.Seller.objects.get(name="admin")
        obj.delete()
        res = models.Seller.objects.filter(name="admin")
        self.assertEqual(len(res),0)
```

步骤2：自动化测试

自动化测试的命令如下：

```
python manage.py test Seller
```

自动化测试的实现步骤：

（1）python manage.py test Seller 将会寻找 Seller 应用中的测试代码。

（2）它找到django.test.TestCase的一个子类。

（3）它创建一个特殊的数据库供测试使用。

（4）它在类中寻找测试方法——以 test 开头的方法。

（5）在 test_was_published_recently_with_future_question 方法中，它创建了一个 pub_date值为 30 天后的 Question 实例。

（6）使用 assertls() 方法，发现 was_published_recently() 返回了 True，而我们期望它返回 False。

（7）测试系统通知用户哪些测试样例失败，以及造成测试失败代码所在的行号。

学习笔记

任务2 产品发布

任务描述

情境描述	同学们终于如期完成项目，聂老师将最终版提交给S公司进行审核。S公司派了测试工程师测试项目，该项目的一期经过了一周的测试终于通过了。公司立马对该产品进行发布，并作出后续安排
任务分解	分析上面的工作情境，需要完成产品发布：将项目部署到服务器上
任务准备	1．了解Linux知识。 2．项目测试通过。 3．了解nginx服务器

任务目标

知识目标	1．掌握在Linux上搭建Python环境的方法。 2．掌握在Linux上搭建nginx服务的方法。 3．掌握Django网站在服务器上发布原理
技能目标	1．能够在Linux上搭建Python环境。 2．能够在服务器上成功部署项目
素养目标	在Django网站发布过程中，配置nginx服务器可能会发生报错，耐心解决配置问题，提升学生的实战能力

任务实现

步骤1: 在TAPD中领取任务，从码云仓库拉取代码。

步骤2: 安装Python解释器。

（1）进入opt目录下，下载Python解释器，代码如下：

```
wget https://www.python.org/ftp/python/3.6.3/Python-3.6.3.tar.xz
```

（2）解压Python-3.6.3.tar.xz文件，代码如下：

```
tar -xvJf Python-3.6.3.tar.xz
```

（3）切换到Python-3.6.3文件夹，代码如下：

```
cd Python-3.6.3.tar.xz
```

（4）编译安装Python解释器，代码如下：

```
./configure prefix=/usr/local/python3.
```

（5）创建软连接（添加环境变量），代码如下：

```
ln -s /usr/local/python3/bin/python3 /usr/bin/python
```

知识链接

①创建软连接到/usr/bin/python3（名字）-->对应Windows的环境变量path，查看环境变量echo $PATH，命令如下：

```
ln -s /usr/local/python3/bin/python3  /usr/bin/python3
```

②进入到/usr/local/python3/bin/，创建软连接，命令如下：

```
ln -s /usr/local/python3/bin/pip3  /usr/bin/pip3
```

（6）使用命令查看Python解释器的版本，测试是否安装成功，命令如下：

```
Python -v
```

步骤3：安装项目所需要的包。

（1）安装Python扩展包，代码如下：

```
yum install python-devel
```

（2）安装项目依赖包。

①从Windows开发的项目中导出所有安装包，命令如下：

```
Pip freeze > package.txt
```

②把导出的依赖包文件上传到服务器，使用命令安装，代码如下：

```
pip3 install -r package.txt
```

步骤4：迁移项目到服务器上。

（1）在Windows上收集静态文件。

①修改settings.py中static的设置，代码如下：

```
STATIC_URL = '/static/'
STATIC_ROOT = os.path.join(BASE_DIR,'static' )
```

② 执行命令收集静态文件，代码如下：

```
python manage.py collectstatic
```

（2）修改主机和App应用注册方式，代码如下：

```
ALLOWED_HOSTS = ["*"]
INSTALLED_APPS = [
    'django.contrib.admin',
    'django.contrib.auth',
    'django.contrib.contenttypes',
    'django.contrib.sessions',
    'django.contrib.messages',
    'django.contrib.staticfiles',
    'Seller',
    'Buyer',]
```

（3）删除项目中的.idea、_ _pychae_ _。

（4）将项目复制到CentOS服务器中。

（5）关闭防火墙，代码如下：

```
systemctl stop firewalld
```

（6）在服务器上启动项目，代码如下：

```
Python3 manage.py runserver 0.0.0.0:8000
```

（7）访问服务器部署的项目主页，如图5-2-1所示。

图 5-2-1　成功启动项目

步骤5： 安装uwsgi模块

（1）下载 uwsgi 模块，代码如下：

```
pip3 install uwsgi
```

（2）为uwsgi创建软连接，代码如下：

```
ln -s /usr/local/python3/bin/uwsgi /usr/bin/uwsgi
```

（3）使用uwsgi 启动项目，代码如下：

```
uwsgi --http 10.10.16.229:8000 --file shop/wsgi.py --static-map=/static=static
```

步骤6： 使用配置文件启动uwsgi服务。

（1）创建目录和配置文件。

进入到opt目录，创建scripts目录，在scripts目录下创建 uwsgi.ini 配置文件，代码如下：

```
Vim uwsgi.ini
```

（2）设置配置，配置内容如下：

```
[uwsgi]
chdir=/opt/OurBlog                          # 项目目录
module=OurBlog.wsgi:application             # 指定项目的 application
socket=/opt/script/uwsgi.sock               # 指定 sock 的文件路径
workers=5                                   # 进程个数
pidfile=/opt/script/uwsgi.pid
http=192.168.2.69:8000                      # 指定 IP 端口
static-map=/static=/opt/OurBlog/static      # 指定静态文件
uid=root                                    # 买家
gid=root                                    # 组
master=true                                 # 启用主进程
vacuum=true                        # 自动移除 unix Socket 和 pid 文件当服务停止的时候
enable-threads=true                         # 启用线程
thunder-lock=true                           # 序列化接受的内容，如果可能的话
harakiri=30                                 # 设置自中断时间
post-buffering=4096                         # 设置缓冲
daemonize=/opt/script/uwsgi.log             # 设置日志目录
```

（3）启动服务uwsgi，代码如下：

```
uwsgi --ini uwsgi.ini
```

步骤7： 配置nginx。

（1）在opt目录下下载nginx 压缩包，代码如下：

```
wget -c https://nginx.org/download/nginx-1.12.2.tar.gz
```

（2）解压nginx安装包，代码如下：

```
tar -zxvf nginx-1.12.2.tar.gz
```

（3）安装nginx安装包。

路径切换到/usr/local/下面，执行Make && make install 安装nginx，代码如下：

```
cd /usr/local/
Make && make install
```

（4）为nginx创建软连接，代码如下：

```
ln -s /usr/local/nginx/sbin/nginx /usr/bin/nginx
```

（5）启动nginx服务，代码如下：

```
nginx
```

nginx服务启动成功后如图5-2-2所示。

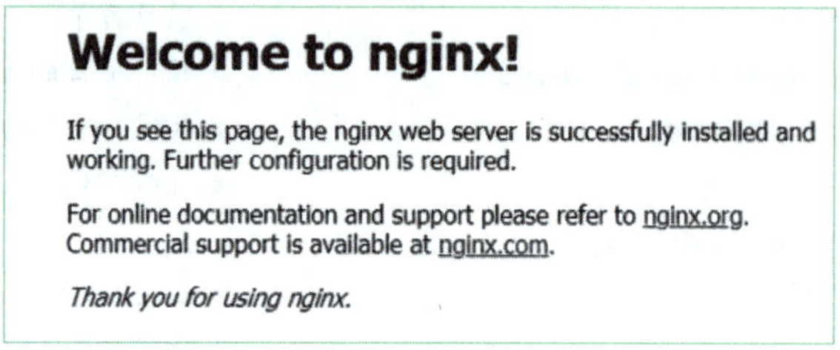

Welcome to nginx!

If you see this page, the nginx web server is successfully installed and working. Further configuration is required.

For online documentation and support please refer to nginx.org.
Commercial support is available at nginx.com.

Thank you for using nginx.

图 5-2-2　成功启动 nginx

（6）修改nginx 配置文件。

① 找到 nginx.conf，代码如下：

```
cd /usr/local/nginx/conf
```

② 备份配置文件（防止弄错后不能恢复），代码如下：

```
cp nginx.conf nginx.conf.bak
```

③ 打开配置文件，并将配置文本粘贴进去，代码如下：

```
vim nginx.conf
```

配置文件如下：

```
http {
    include         mime.types;
    default_type    application/octet-stream;

    log_format  main  '$remote_addr - $remote_user [$time_local] "$request" '
                      '$status $body_bytes_sent "$http_referer" '
                      '"$http_user_agent" "$http_x_forwarded_for"';  # 日志的格式

    #access_log  logs/access.log  main;

    sendfile        on;
```

```
    #tcp_nopush        on;

    #keepalive_timeout  0;
    keepalive_timeout   65;

    #gzip  on;
  server {
        listen           80;
        server_name  Qshop; 服务的名称
        charset utf-8; 编码格式
        access_log  logs/host.access.log  main; 访问日志
        gzip_types text/plain application/x-javascript text/css text/
javascript application/x-httpd-php application/json text/json image/jpeg
image/gif image/png application/octet-stream;  访问内容的类型
        error_log /var/log/nginx/error.log error; 错误日志，默认没有，需要
手动创建

        location / {
             include uwsgi_params; 加载 uwsgi_params
             uwsgi_connect_timeout 30; 连接的超时时间，不要加冒号
             uwsgi_pass unix:/opt/script/uwsgi.sock; uwsgi.sock 通信的文件地址
        }

        location = /static/{
            alias /opt/Qshop/static; 静态文件的目录
            index index.html index.htm;
        }
```

(8) 创建 nginx/error.log 目录和文件，代码如下：

```
mkdir nginx
cd nginx
touch error.log
```

(9) 杀死nginx服务器，命令如下：

```
killall -9 nginx
```

(10) 重启nginx服务器，命令如下：

```
nginx
```

(11) 如果nginx服务启动成功，即可正常访问网站。

步骤8： 码云提交代码，TAPD提交任务。

任务考评

【产品发布】考评记录

姓名		完成日期	
序号	考核内容	标准分	评分
1	在TAPD中领取任务，从码云仓库拉取代码	5	
2	成功安装Python解释器	15	
3	成功安装项目所需要的包	15	
4	成功迁移项目到服务上	15	
5	成功安装uwsgi模块	20	
6	成功使用配置文件启动uwsgi服务	15	
7	成功配置nginx	15	
8	码云提交代码，TAPD提交任务	5	
总评分		100	

任务实现心得：

实训任务

实训内容	在CentOS上搭建FTP服务

步骤1：下载安装包，运行以下命令安装vsftpd。

```
yum install -y vsftpd
```

步骤2：运行以下命令打开及查看etc/vsftpd。

```
cd /etc/vsftpd
```

步骤3：运行以下命令设置开机自启动。

```
systemctl enable vsftpd
```

步骤4：运行以下命令启动 FTP 服务。

```
systemctl start vsftpd
```

步骤5：运行以下命令查看 FTP 服务端口。

```
netstat -antup | grep ftp
```

知识链接

FTP是一种上传和下载用的软件。买家可以通过它把自己的PC与运行FTP协议的服务器相连，访问服务器上的程序和信息。

买家通过客户机程序向服务器程序发出命令，服务器程序执行买家所发出的命令，并将执行的结果返回到客户机。

参数说明：

/etc/vsftpd/vsftpd.conf 是核心配置文件。

/etc/vsftpd/ftpusers 是黑名单文件，此文件中的买家不允许访问 FTP 服务器。

/etc/vsftpd/user_list 是白名单文件，是允许访问 FTP 服务器的买家列表。

/etc/vsftpd/vsftpd_conf_migrate.sh 是vsftpd操作的一些变量和设置。

基本配置方法：

FTP一般有两个连接，一个是客户机和服务器传输命令的连接，另一个是数据传送的连接。FTP服务程序一般会支持两种不同的模式，一种是Port模式，一种是Passive模式（Pasv Mode）。

添加配置信息 修改配置文件 vim /etc/vsftpd/vsftpd.conf。

在文件末尾添加：

```
pasv_enable=YES
pasv_min_port=8800
pasv_max_port=8899
```

解释参数：

- 8800/8899为上面安全组添加的端口号。
- pasv_enable=YES|NO：YES，允许数据传输时使用PASV模式；NO，不允许使用PASV模式。默认值为YES。

```
pasv_min_port=port number
pasv_max_port=port number
```

设定在PASV模式下，建立数据传输所使用port范围的下界和上界，0表示任意。默认值为0。把端口范围设在比较高的一段范围内，比如50000～60000，将有助于安全性的提高。

完成以上配置，基本可以实现远程连接FTP。配置完成必须重启服务器systemctl restart vsftpd 。

步骤6：配置本地买家登录。

本地买家登录指买家使用Linux操作系统中的买家账号和密码登录FTP服务器。vsftpd安装后默认只支持匿名FTP登录，买家如果试图使用Linux操作系统中的账号登录服务器，将会被vsftpd拒绝，但可以在vsftpd中配置买家账号和密码登录。具体步骤如下：

（1）运行以下命令创建ftptest买家。

```
useradd ftptest
```

（删除买家命令：sudo userdel -r newuser）

（2）运行以下命令修改ftptest买家密码。

```
passwd ftptest
```

步骤7：修改/etc/vsftpd/vsftpd.conf。

（1）运行vim /etc/vsftpd/vsftpd.conf。

（2）按【i】键进入编辑模式。

（3）将是否允许匿名登录FTP的参数修改为anonymous enable=NO。

（4）将是否允许本地买家登录FTP的参数修改为local_enable=YES。

（5）按【Esc】键退出编辑模式，然后按【:wq】键保存并退出文件。

（6）运行cat /etc/vsftpd/vsftpd.conf命令查看配置文件内容。

参考文献

[1] 胡阳. Django企业开发实战[M]. 北京：人民邮电出版社，2019.
[2] 黄永祥. Django Web应用开发实战[M]. 北京：清华大学出版社，2019.
[3] 齐伟. 跟老齐学Python：Django实战[M]. 北京：电子工业出版社，2017.